沒有一棵青菜可以完整的走出四川

大豆、青菜、辣椒，
在四川，萬物皆可發酵——
川菜征服全世界的祕密。

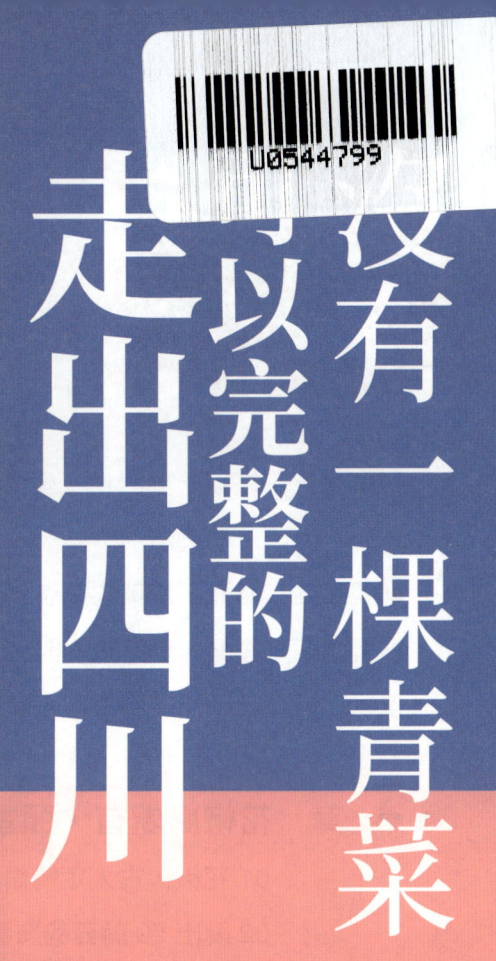

作者

四川旅遊學院教授、
烹飪科學四川省高校重點實驗室主任
鄧靜

瀘州老窖企業文化中心總經理
李賓

瀘州老窖企業文化中心電視臺編導
楊建輝

大是文化

目錄

推薦序一　辣椒來到四川，孕育出多種風味／鞭神老師
　　　　（李廼澔）　9

推薦序二　發酵，川菜的靈魂／黃靖雅　11

推薦序三　發酵，是文明的開端／孫寶國　15

前　　言　在四川，萬物皆可發酵　17

第一章　**花椒處處有，頭香屬四川**　21
　　　　01 花椒，古人定情信物　29
　　　　02 麻出 50 赫茲的震顫　37
　　　　03 入菜、入藥，還能提煉精油　43

第二章　**辣，其實不屬於五味**　49
　　　　01 辣椒如何走向世界　53
　　　　02 薑是老的辣，椒是小的辣？　67
　　　　03 辣椒的色香味　71

第三章　川味靈魂人物之一：泡椒　83

01 清洗、調味、密封　85

02 泡椒發酵全靠乳酸菌　89

第四章　辣椒保存不簡單　101

01 如何解決快速腐爛問題？　105

02 川味涼菜常客：辣椒粉　113

第五章　辣油，美味的祕訣　119

第六章　剁椒的辣、酸、鮮、甜　137

第七章　豆豉「進化」論　155

01 不可或缺的蛋白酶　159

02 做豆豉就像拍電影　165

03 四大豆豉有何區別？　173

第八章　菜鳥大豆，晉升全靠三祕訣　183
01 腳踏實地做事：要做腐乳，先做豆腐　189
02 看準機會蛻變：豆腐變豆腐乳　193
03 做好形象管理：色彩繽紛的豆腐乳　197

第九章　川菜的靈魂豆瓣醬　205

第十章　釀醋一點都不難　225
01 杜康造酒，兒造醋　231
02 麩醋是什麼？　237
03 關於醋的迷思　251

第十一章　都是醬油，生抽、老抽差在哪？　257
01 好醬油需要時間醞釀　263
02 米麴黴，醍醐味的源頭　275

第十二章　韓國辛奇對上四川泡菜，誰才是王？ 285

第十三章　沒有一棵青菜可以完整的走出四川！ 305

　　　01 青菜蛻變的過程 309
　　　02 發酵三步驟，青菜變醃菜 317
　　　03 醃菜的色香味 323

後　　記　化腐朽為神奇的發酵 331

著者名單

顧問：

王川　王冲　劉淼　林鋒

沈才洪　何誠　張宿義　潘麗娜

團隊介紹：

鄧　靜
發酵學研究員

李　賓
酒事不明問賓哥

吳華昌
發酵百事通

楊建輝
能寫能畫的書呆子

朱成林
熱愛播音的食品人

喬明鋒
美食風味研究者

蔡雪梅
文獻研究員

劉　陽
美食研究員

推薦序一
辣椒來到四川，孕育出多種風味

國立臺灣藝術大學通識中心兼任助理教授、
《餐桌上的臺灣史》作者／鞭神老師（李廼澔）

塔可餅（Taco），又稱墨西哥玉米餅，語源來自墨西哥銀礦工人用來爆破用的塞子。還有一說，是源自墨西哥納瓦特爾語的「tlahco」，意思是「一半」或「在中間」。

如同這種食品的語源，塔可餅除了墨西哥薄餅（tortilla）本身之外，最豐富的東西也確實「在中間」。除了牛肉、雞肉或豬肉，還有豆子、起士、莎莎醬、酪梨醬、酸奶油、生菜、洋蔥、番茄、辣椒等豐富的配料。

塔可餅相當美味，其玉米餅可以依照喜好，選擇脆式、軟式或綜合，所有食材混合起來的味道豐富無比。嗜辣的我每次都會選擇最辣的莎莎醬和辣椒，只不過辣歸辣，卻辣得毫無香氣與層次。

辣椒是 6,000 年前就已經種植在墨西哥的原生植物。1493 年，航海家哥倫布（Cristoforo Colombo）第二次登陸美洲，當時隨行的查克醫生（Diego Álvarez Chanca）把辣椒帶

回西班牙，並發表文章論述它的藥用效果。哥倫布因為辣椒和胡椒一樣會帶來辛辣感，而稱其為 pepper。不過，西班牙人和葡萄牙人一開始都只把辣椒當作觀賞植物而已。

到了明朝後期，辣椒開始傳入中國。最早有關辣椒的記載，是浙江高濂於 1591 年出版的《遵生八牋》，將其稱為「番椒」。

當時，浙江、遼寧和臺灣的地方志中也有辣椒的紀錄。浙江的辣椒很可能是由葡萄牙人先傳入日本，再輾轉引入當地。隨後，辣椒則分別沿著長江和京杭大運河向西傳入湖南及西南各地，再向北傳至華北地區。

直到清康熙年間，辣椒傳入中國西南後，才逐漸轉變為蔬菜和調味料。最先開始食用辣椒的是貴州、雲南，因為當時該地區缺鹽，苗族便「用以代鹽」，增加味覺刺激。

到了清嘉慶後，貴州（黔）、湖南（湘）、四川（川）、江西（贛）等地的辣椒種植也變得普遍。文獻中也有記載，江西、湖南、貴州、四川等地已經開始「種以為蔬」。

原生於墨西哥的辣椒，飄洋過海來到四川後，孕育出麻辣味、紅油味、糊辣味、酸辣味、椒麻味、家常味、荔枝辣香味、魚香味、陳皮味、泡椒怪味等**豐富又多樣的味型。**

從花椒、辣椒的歷史、種類和應用，延伸到泡椒、辣椒粉、辣油、剁椒等充滿細節的製作方式，本書以圖文並茂的解說，分享即使是門外漢，也能輕易掌握的川菜知識。

推薦序二
發酵，川菜的靈魂

發酵迷 Fermeny 創辦人／黃靖雅

談起川菜，許多人會想到「麻、辣、鮮、香」，但若深入探究川菜的精髓，就會發現這些豐富的味道並非僅來自於花椒與辣椒，而是源於發酵所帶來的層次與深度。

從豆瓣醬、豆豉、豆腐乳，到泡椒、醃菜，甚至是釀造醬油、醋等，川菜的經典風味與獨特個性，都離不開發酵這古老而神奇的技術。本書以深入淺出的方式，引領讀者理解發酵如何成為川菜靈魂，甚至影響中國飲食文化的發展。

雖然發酵不是四川獨有的技藝，但在這片土地上，卻展現出最豐富的變化與獨特的應用。四川地處盆地、氣候潮溼，先民為了保存食物，發展出許多不同的發酵方式，而其中最經典的莫過於豆瓣醬。這種被譽為「川菜靈魂」的調味料，經過長時間的發酵與熟成，造就了回鍋肉、麻婆豆腐、水煮魚等經典川菜的獨特風味。除此之外，豆豉的濃郁、豆腐乳的醇厚、泡椒的酸辣，無一不是發酵所賦

予的神奇魅力。

臺北與四川同樣位於盆地、氣候潮溼，我自己在學習發酵的過程中，最早學會的食物，除了黃金泡菜之外，就是四川的泡椒與泡菜。當時，我被泡菜獨特的麻感深深吸引，後來更發現發酵多年的老滷水，竟然成為我快感冒時最有效預防的「家傳良藥」。

更有趣的是，因為自己做的四川泡菜，我與丈夫結下了緣分。當時，他品嚐了我做的泡菜後，開玩笑的說：「如果把妳娶回家，那我一輩子都能吃到最好的發酵食品，這可真是聰明的選擇啊！」事實證明，發酵的魅力不僅能征服味蕾，甚至還能締結美好的人生緣分。

川菜的靈魂除了發酵，也少不了麻與辣的層次堆疊。本書特別用一個章節探討花椒與辣椒的歷史與應用。花椒不僅是調味料，甚至曾是古人的定情信物，而辣椒雖然在近代才進入四川，卻迅速成為當地飲食文化不可或缺的一部分。

作者以幽默且富知識性的筆觸，帶領讀者認識不同種類的花椒與辣椒，如何在川菜中扮演畫龍點睛的角色。書中不僅詳述花椒的品種、風味特性，還解釋了為何四川人對「麻」的喜愛遠超過其他地區。而辣椒方面，書中也介紹了從傳統的二荊條辣椒，到如今流行的燈籠椒、朝天椒，這些不同辣椒如何影響川菜的辣味層次。

除此之外，書中也深入探討辣椒的科學原理——為何「辣」不是味覺，而是一種疼痛感？為何有些人越吃辣越上癮？透過這些知識，讀者不僅能更懂川菜，還能從科學角度理解，為什麼四川人能在「辣」這條路上越走越遠，甚至讓全世界都為之著迷。

透過淺顯易懂的文字、豐富的歷史故事與生動的圖片，本書讓發酵不再只是深奧的技術，而是一種可以融入日常生活的智慧。

無論是熱愛川菜的美食愛好者，還是對發酵科學感興趣的讀者，本書都能帶來豐富的知識與靈感，讓你在餐桌上重新發現發酵的神奇魅力。希望本書能帶領更多人走進發酵的世界、理解川菜的獨特性，並願意在生活中親手嘗試發酵，體驗那份來自時間醞釀的美味與驚喜。

推薦序三
發酵，是文明的開端

國際食品科技學院院士／孫寶國

我們往往可以透過食物偏好來區分人群，比如愛吃泡菜的韓國人、愛吃納豆和味噌的日本人、愛吃魚露的泰國人，以及愛吃鯡魚罐頭的荷蘭人等。

發酵食品，無疑是生活中不可或缺的一部分。

早期，是出於生存需求，因為發酵能使食品更容易保存。把鮮肉做成臘肉，可以大幅延長有效期限；將剩餘的糧食釀成酒則越存越香，也越珍貴。

後期，隨著人們逐步掌握祕訣，發酵慢慢轉變為生產人間美味的釀造工藝。如果將視野放大到整個人類文明史，你會發現：發酵促進了人類文明成長。

隨著科學演進，發現了微生物，人類才真正認清發酵的本質，也揭示發酵食品的美味之源。我們應對這些肉眼看不見，卻默默無聞、辛勤為人類發酵出美食與美酒的微生物心生敬畏和感激。

正如著名巴蜀文化學者袁庭棟所說，四川盆地就是一

個天然的發酵池。除了譽滿神州的川酒，勤勞的四川人民也善於釀製豆瓣醬、醬油、食醋等，如郫縣豆瓣醬、瀘州先市醬油、永興誠醬油、護國陳醋與瀘州美酒。

四川人都是在充滿發酵食品的記憶中長大。我們常說，望得見山、看得見水、記得住鄉愁，這鄉愁裡往往充斥著發酵食品的味道。比如本書介紹的川味發酵食品，已經刻進了四川人的骨子裡——**沒有豆瓣醬，川菜廚師可能根本就不會炒菜了；沒有醬油和食醋，巴蜀哪來的至味？**

本書作者研究、教學、傳播川菜文化數十年，既在發酵食品的科技理論，如微生物發酵、食品風味等方面有深刻認識，又有切實的操作實踐，還有令人感動的鄉愁情懷，和致力於發揚家鄉文化的一片赤誠。

他們合力編撰這本科普讀物，以輕鬆的語言、幽默有趣的漫畫，半科普、半人文，既能了解科學原理，又能領略川菜的人文淵藪。更重要的是，從此讓大家愛上川味，在一席川菜、一杯川酒中講好四川的故事。

前言

在四川，萬物皆可發酵

發酵是一門古老而神奇的藝術。隨著科技發展，從生活經驗轉變為專業科學，歷經數代人的辛勤探索，現今發酵領域涵蓋的範圍越來越廣，各領域也越分越細。

從與生活息息相關的食品工業出產的醬、醋、茶，到醫學界的干擾素、白介素；從抗生素工業的青黴素、紅黴素等，發展至冶金工業的探礦、石油脫硫；從有機酸工業的檸檬酸、蘋果酸，到生質能源工業的酒精、甲烷的生產等，這些全與發酵有關。

雖然在技術上已有長足發展，但科學家對於發酵的科學認知還是非常有限，更不用說是普羅大眾。

大學畢業後，我從事發酵相關教學和科學研究已三十多年，特別是針對四川的發酵美食研究。作為四川人，我不僅深深熱愛這些美食，同時也為四川這片神奇的土地擁有眾多發酵美食，感到驕傲和自豪。

但人們卻對這些常見的發酵食品一知半解，甚至還有許多誤會。朋友或同事經常問我：泡菜裡的亞硝酸鹽吃多

了，會不會致癌？豆腐乳上如果長了又厚又白的毛，還能吃嗎？豆豉這麼黑，吃了會不會中毒？

　　聽到這些問題，我都會跟他們分享相關知識。同時我也在想，這些教育水準較高的人，對發酵食品都有這麼多的誤解和未知，更何況是那些學識較淺的人？

　　如果人們不了解這些食品基礎知識，怎麼能算是熱愛美食？又怎麼會去了解這些佳餚背後的文化故事？更不用說是傳承了！

　　我常常問自己，作為專業研究者，要如何讓更多人認識發酵？進而宣揚、熱愛發酵美食，並尊敬那些做出巨大貢獻的勞動者──正是他們孜孜不倦的工作，才能讓我們有機會享受這些美食。

　　也因此，我開始嘗試進行發酵美食的科普工作，希望能對大家有點幫助。首先，我們整理四川發酵美食，編寫了《四川傳統發酵食品地圖》，並將相關知識做成宣傳手冊，舉辦一系列講座。

　　同時也在學校開設「發酵美食地圖」通識課程，讓更多非食品相關科系的學生了解發酵美食，並回過頭挖掘地方特色，進而加深對家鄉的認識。

　　但這些工作才剛起步，遠遠不能滿足當今社會對於美食科普的需求。我也一直在思考，是否有更好、更多的形式和方法？

・前言　在四川，萬物皆可發酵・

　　在某次學術研討會上，我接觸到瀘州老窖總經理李賓、楊建輝編寫的《窖主說》。看到他們把酒類相關常識透過漫畫，以幽默詼諧的語言表達出來，我覺得這完全符合現代人獲取知識的方式。

　　我希望能將發酵食品科普也做成這種形式，但想法和實踐是兩回事。畢竟要將科學轉化成易懂的文字，再用幽默風趣的語言表達，同時配上合乎場景的漫畫，何其艱難。此事一直停留在想法上，沒有成形。

　　後來，我有幸能認識李賓，就和他交流想法，也被他的熱情和認真感動，同時了解《窖主說》其實是一個開放平臺，不僅談論酒，也歡迎其他科學研究者分享酒以外的美食。

　　中國傳統發酵食品眾多，由於同為四川人，我們深深理解四川獨特的天然優勢，發揚家鄉美食更是共同願景。於是就從四川開始，逐步分享川菜中重要的發酵。

　　首先，我們精心篩選四川著名而獨特的二十多種發酵美食，逐一將這些食品的歷史淵源、獨特的加工工藝、美味產生的原因、其中蘊含的科學道理等，以較為幽默和淺顯易懂的方式表達，盡力做到將科學和日常生活緊密結合，希望讀者能在輕鬆閱讀中明白其中蘊藏的科學道理。

　　比如，提到冷凍乾燥時，為了方便理解，我們以冬天在北方晾衣服為例，低溫直接將水凍成冰，然後冰直接變

為蒸汽（專業術語叫昇華），衣服就乾了；講到微生物時，則採用擬人法，把微生物比喻成團隊，團隊裡有各式各樣的人才，他們各自的專長不同，因而分工合作完成一項大工程。

　　類似的例子，書裡還有許多，若有不恰當之處，或讀者有更貼切的例子也請不吝賜教。這都是為了讓更多讀者更容易理解其中的科學原理。

第一章

花椒處處有，
頭香屬四川

・沒有一棵青菜可以完整的走出四川・

如果把中國各省比喻為一個班級,並從中選出最能吃辣的人,估計很多同學都坐不住了。

經過一番討論後,一致認同:

我們就是吃辣三組合

• 第一章 花椒處處有，頭香屬四川 •

但是，如果是問誰最能吃「麻」？一下子，全班都安靜下來了。

誰最能吃麻？

那當然是四川人。 這還用說，肯定是四川人。

湖南　雲南　四川　重慶　貴州　江西

說起四川人吃辣，那是近百年才發生的事。但是麻，是寫在基因裡的愛，而麻的唯一來源則是——花椒。

別看這花椒果實這麼小，從裡到外都很重要，可以分成果皮、油腺、花椒籽、花椒梗共四個部分。

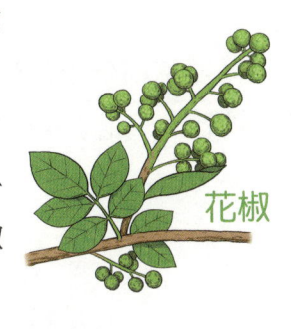

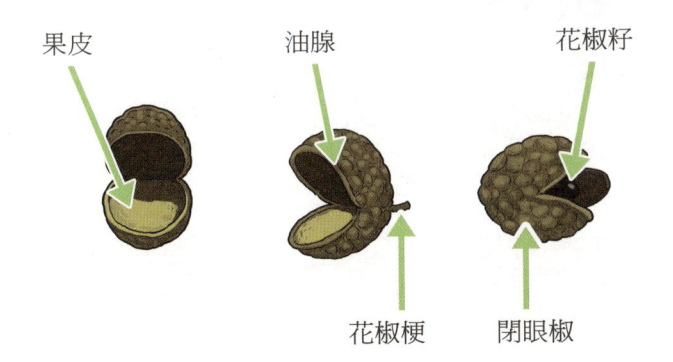

花椒

果皮　油腺　花椒籽

花椒梗　閉眼椒

· 沒有一棵青菜可以完整的走出四川 ·

首先是果皮。果皮是香氣和麻味最集中的地方，四川人都會像下圖這樣挑選。

顏色是否均勻一致？ 　　　　　　　　是否會掉色？

油腺則分布在花椒表面，是一堆密密麻麻的小疙瘩，裡頭的精油決定了花椒的香氣和含油量。

真香啊！

而花椒籽是由果皮包裹的黑色種子。在選擇時，籽越少越好。最後，花椒梗是連著花椒果的柄，屬於常見雜質，選購時要盡量避免。

至於閉眼椒則是花椒在乾製過程中，因受熱不均，導致果皮未完整裂開，花椒籽還在果皮裡面而形成。選購時，閉眼椒越少越好。

・沒有一棵青菜可以完整的走出四川・

有關花椒的產地,北魏著名農學家賈思勰(按:勰音同協)在其著作《齊民要術》[1]中說得很清楚。

> 蜀椒出武都,秦椒出天水。
> ——賈思勰

這段話的意思大致上是:

> 川蜀的花椒品質好!
> ——賈思勰

花椒作為川菜的傳統調味料，你是否真的了解它？四川人又是從何時才開始吃花椒？

> 要想了解現在，就要先明白過去！

---

1 《齊民要術》是中國保存最完整的古代農牧著作。收錄六世紀時中國黃河流域下游地區的農藝、園藝、造林、蠶桑、畜牧、獸醫、配種、釀造、烹飪、儲備，以及治荒的技術。

• 第一章　花椒處處有，頭香屬四川 •

01. 花椒，古人定情信物

花椒原產於中國，但最早並不是用來吃。

這是什麼味道？

《詩經》中記載：「有椒其馨，胡考之寧。」意思是馨香的花椒，可使人平安長壽。

這束花送給你，是花椒的花！

・沒有一棵青菜可以完整的走出四川・

由於其特殊香味,花椒曾被當作定情信物。

> 花椒和我,誰比較香?

> 花椒……不!當然是妳!

古人認為,花椒的香氣可以避邪,於是在泥中加入花椒,用來塗牆。

> 花椒就能避邪,我們兩個在這裡是否有點多餘?

> ……

・第一章 花椒處處有，頭香屬四川・

也因此，塗了花椒的房子就叫做「椒房」。

難道這就是金屋藏「嬌」的由來？

別亂說！

漢武帝 2

椒房一般是給后妃住，也引申為后妃的代稱。

皇上好幾天沒來椒房了！

椒房

2 金屋藏嬌出自《漢武故事》，嬌指的是漢武帝劉徹的第一任妻子陳阿嬌。

・沒有一棵青菜可以完整的走出四川・

小知識

《漢書》:「江充先治甘泉宮人,轉至未央椒房。」唐顏師古在其著作《漢書注》中說明:「椒房,殿名,皇后所居也。」

關於椒房,在《紅樓夢》第 16 回中也有記載:

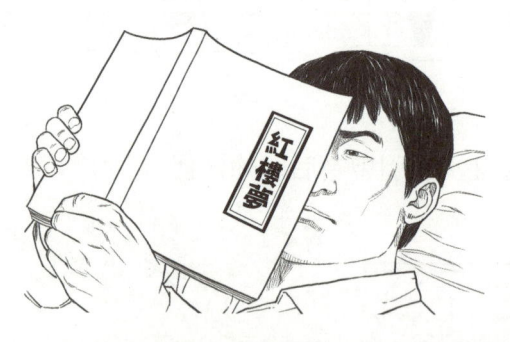

「每月逢二六日期,准其椒房眷屬入宮請候看視。」

花椒樹還有個特色,就是產量高、結果多。

因此,花椒也有「多子」的寓意,受古人喜愛。

・第一章 花椒處處有，頭香屬四川・

花椒最早從南北朝時期開始，就被當作調味料。

敢於成為第一個吃花椒的人！

小知識

《齊民要術》中，還有許多關於烹調花椒的紀錄，比如花椒脯臘，也就是花椒製成的醃肉。

結果這個創新嘗試，讓花椒一躍成了必需品。

好麻！好刺激！
我好喜歡！

到了明代鄭和下西洋時期，花椒便作為香料，外銷到現在的新加坡、馬來西亞等地。

花椒前進東南亞！

而現在市面上的花椒，大致上可以分為三類：

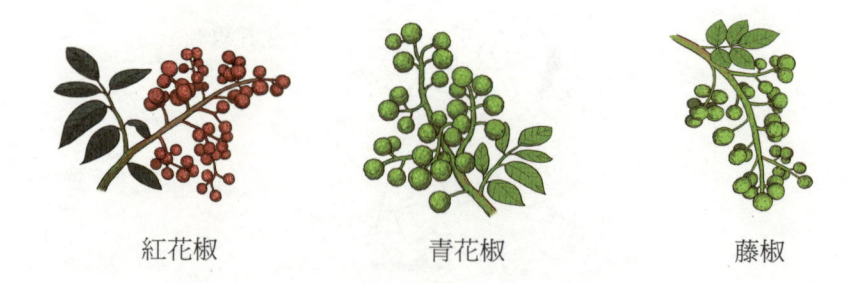

紅花椒　　　青花椒　　　藤椒

・第一章　花椒處處有，頭香屬四川・

雖然看起來很像，但實際上有以下差異：

花椒種類	紅花椒	青花椒	藤椒
種屬	花椒	崖椒	竹葉花椒
顏色	紅色	綠色	綠色
香氣	香氣足且濃郁	香氣清香且比較柔和	香味清新又富含油脂
味道	麻味純正	麻味濃郁	麻味清淡

根據不同的食材，花椒的選擇也不同。

突出香氣用紅花椒。　　　　追求大麻大辣，用青花椒。

如果想製作既香又麻的菜，比如麻辣魚，就得同時使用兩種花椒。

· 第一章　花椒處處有，頭香屬四川 ·

02. 麻出 50 赫茲的震顫

從外觀上判斷，花椒有紅和青兩種顏色：

紅花椒
黃酮類的花青素含量高

青花椒
葉綠素含量高

隨著時間流逝，花青素和葉綠素也會跟著降解[3]。

---

3 物質因化學或生物作用而分解或變質。

降解有兩種途徑:光降解、酶促降解。

光降解在這裡指葉綠體內的 DNA、蛋白質和膜脂等物質的分子結構,被陽光中的紫外線破壞。

紫外線照射會加速產生活性氧,使細胞清除活性氧自由基的能力下降,花椒顏色因而變淡、變褐色。

・第一章　花椒處處有，頭香屬四川・

酶促降解則是花椒內部的多酚氧化酶引起的褐變反應[4]。多酚氧化酶含量越高，褐變程度就越高。

> 因此存放花椒時，要注意密封、乾燥和避光。

不同品種的花椒，香氣程度也不同。

藤椒最高　　　青花椒次之　　　紅花椒最低

---

4 食物內部發生化學反應而變褐色的過程。這裡指酶促褐變反應，俗稱食物氧化。非酶促褐變反應詳見第 123 頁梅納反應。

・沒有一棵青菜可以完整的走出四川・

小知識

截至目前為止,科學家發現,新鮮花椒果皮中的香氣成分種類多達 120 種。前面提到油腺裡的精油,雖然不起眼、含量僅占 11%,香氣成分卻很多。

花椒的最大滋味就是麻。這個不用多說,吃火鍋時,相信大家深有體會。

好麻啊!

・第一章　花椒處處有，頭香屬四川・

嚴格來說，麻並不是味覺，而是觸覺。花椒的麻味主要來自花椒麻素，迄今為止，科學家已分離出 25 種花椒麻素。

當花椒進入口腔，「麻」就被啟動了。

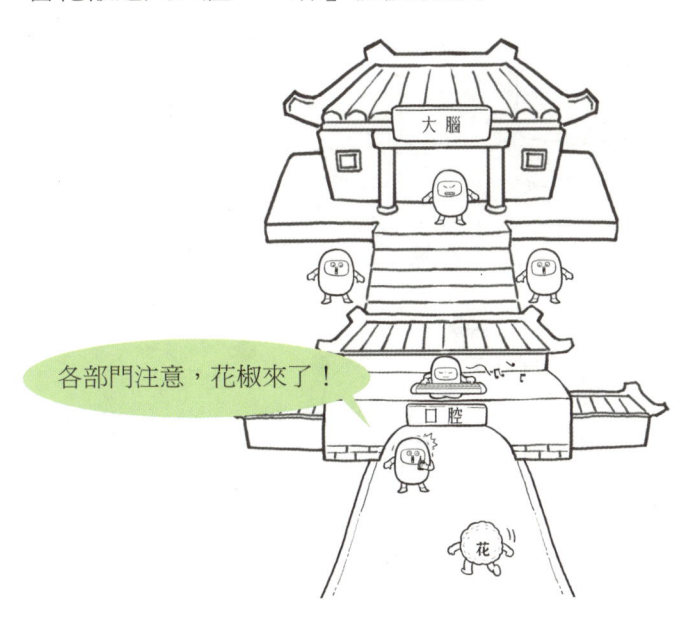

各部門注意，花椒來了！

花椒麻素會透過感覺神經系統傳入大腦，啟動相應的神經通路，使感覺中樞產生刺激。

花椒麻素激發口腔神經纖維活動，刺激肌肉產生近似 50 赫茲的震顫。換句話說，麻其實是震動覺。

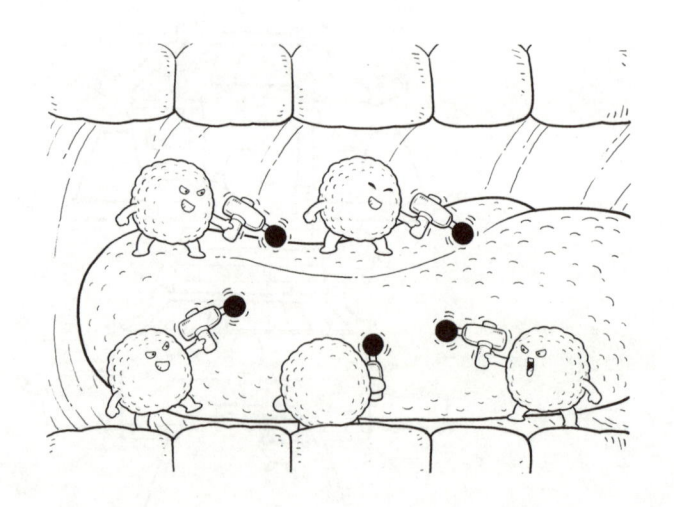

03. 入菜、入藥，還能提煉精油

　　花椒除了作為調味料，還是一種藥食同源的中藥材。古代中醫典籍就有收錄，其被歸入袪寒類中藥之列。

花椒，可治寒溼腹瀉！

小知識

《本草綱目》記載：「花椒，純陽之物，散寒除溼，補右腎命門，止泄瀉。」

除此之外，花椒還具有抗發炎及鎮痛活性。

而花椒裡的醯胺類物質，則有較強的麻醉作用，可用於局部麻醉。

· 第一章　花椒處處有，頭香屬四川 ·

至於花椒油，有很多種類：

花椒油　　　花椒籽油　　　花椒精油

以上三種的作法和用途大不相同。花椒油是從花椒中提取出的芳香味化合物，屬於食用植物油中的產品。

45

而花椒籽油是透過壓榨法，從花椒籽中提取而來。

花椒精油則是透過有機溶劑或超臨界萃取技術，從花椒中提取而成。

小知識

花椒精油只有花椒香氣，而沒有麻味。在食品生產中，常作為頭香使用。頭香是指在食品或香料混合物中，最先揮發的香氣，能提供新鮮、濃烈的香味體驗。

・第一章　花椒處處有，頭香屬四川・

在很早以前，民間就有泡製花椒酒的習慣。

中醫理論認為，花椒酒可以祛風寒、治療風溼，以及化瘀通絡。另外，這種藥酒含在嘴裡還可以緩解牙痛。

內服加外用，一步到位！

・沒有一棵青菜可以完整的走出四川・

除此之外，花椒還可以用來做啤酒和霜淇淋。

花椒啤酒 　　花椒霜淇淋

沒吃過吧？沒關係，我也沒吃過。

鄧教授，可以用花椒來做面膜嗎？

技術上來說，完全沒問題！

作為四川味道之魂，花椒聞名海內外。除此之外，花椒的英文名甚至還被翻譯為「Sichuan Pepper[5]」呢！

---

5 Sichuan 為四川的英文名稱。

第二章

辣,其實不屬於五味

· 沒有一棵青菜可以完整的走出四川 ·

現在形容味道齊全，經常會說五味俱全。所謂的五味又是哪五味？

「辣」是什麼味道？

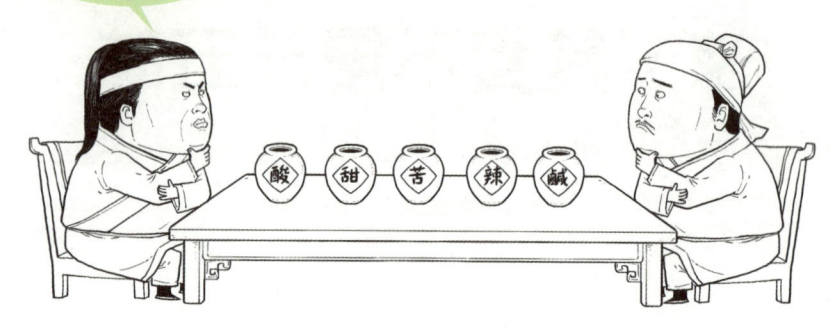

不過古人所說的五味，跟現在不太一樣。

我先來試吃一下！

第二章 辣，其實不屬於五味

在辣椒傳入中國前，古人吃的五味其實並沒有辣。

你怎麼這樣講？

當時的人把刺激性的味道稱為「辛」，而辛味有許多不同的來源。比如：

花椒　　　薑　　　茱萸　　　山葵

現代人極度熱愛辣椒，有些地方甚至「無辣不歡」。那麼問題來了，人類是什麼時候開始吃辣椒的？

· 第二章 辣，其實不屬於五味 ·

01. 辣椒如何走向世界

辣椒起源於南美洲，是當地產量極為豐富的物種。

考古學家在墨西哥遺跡中，發現了西元前 6,500 年到西元前 5,000 年的辣椒種子。

直到十五、十六世紀，隨著大航海時代和美洲大發現[1]，辣椒逐漸傳播到世界各地。

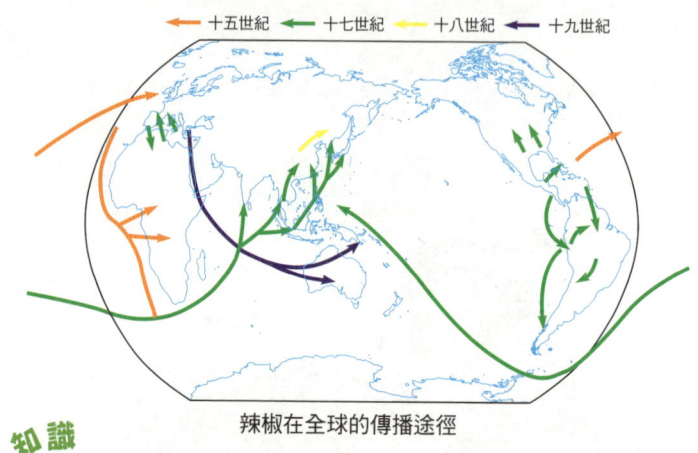

← 十五世紀　← 十七世紀　← 十八世紀　← 十九世紀

辣椒在全球的傳播途徑

小知識

不過準確來說，辣椒在明朝嘉靖、萬曆年間才進入中國。明朝高濂養生著作《遵生八牋》（1591年）中記載：「番椒，叢生白花，子儼禿筆頭，味辣色紅，甚可觀。子種。」

到了中國後，辣椒被稱為番椒、秦椒。有趣的是，在四川，當地人稱它為海椒。

難不成是來自上海？

· 第二章 辣，其實不屬於五味 ·

> 我們上海人不吃辣，你知不知道！

其實是因為辣椒來自海外，且四川地處內陸、不靠海，所以才將辣椒稱為「海椒」。

> 海椒蘸水來了！

---

1 西班牙航海家哥倫布於 1492 年 10 月 12 日發現美洲。

・沒有一棵青菜可以完整的走出四川・

那麼，問題來了。

> 辣椒是怎麼來到四川的？

這就不得不提到古老的「絲綢之路」。

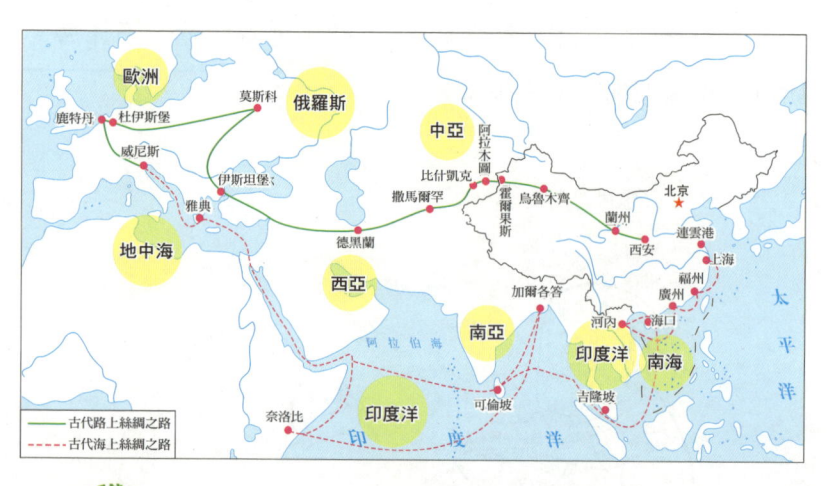

小知識

1. 陸路：辣椒從西亞進入新疆、甘肅、陝西等地，率先在中國西北栽種。
2. 海路：辣椒經過麻六甲海峽進入中國東南沿海。

· 第二章　辣，其實不屬於五味 ·

走海路的辣椒最先在江浙、兩廣一帶[2]登陸，但當地人口味清淡、喜愛甜食，並不特別感興趣。

> 這……拿來種還算好看！

最先接受辣椒口味的，反而是重山包圍的貴州。

> 天氣好冷，手腳都凍得像冰塊一樣！

2 江浙指長江以南的皖南（安徽南部）、蘇南（江蘇南部）、浙江、上海等地區；兩廣指廣東和廣西壯族自治區。

· 沒有一棵青菜可以完整的走出四川 ·

　　當時受到小冰期（Little Ice Age）[3]及戰亂影響，貴州的食鹽和蔬菜極其短缺。

今天有什麼可以吃？

你們有什麼建議嗎？

要不然，今天吃點不一樣的！

　　這一吃才發現，辣椒的味道還不錯，不只解決了缺菜、缺鹽的問題，身體也暖和了起來。

---

3 又稱為小冰河時期，指中世紀溫暖時期後，全球氣溫下降的現象，時間約落
　在 1550 年到 1770 年這 220 年間。

· 第二章 辣，其實不屬於五味 ·

小知識

> 根據文獻記載：「海椒，俗名辣火，土苗用以代鹽。」辣椒就這樣成為當地窮人的調味料。

王季珠

《田家雜詠十二首》其三

清代　王季珠

新蟻芬芳初浸面，子雞和淡薄楂鹽。

不奇桂辣椒辛味，知是吳民性喜甜。

・沒有一棵青菜可以完整的走出四川・

就這樣，辣椒成了生活必需品，一下子在周邊幾個省傳開了。

你還有海椒嗎？
我想帶一點回四川！

小知識

根據清朝末年《清稗類鈔》記載：「滇、黔、湘、蜀人嗜辛辣品；無椒芥不下箸也，湯則多有之。」
意思是，那時候雲南、貴州、湖南、四川的人已經離不開辣椒了，就連湯裡頭也會放辣椒。

從此，辣椒就變成了最新趨勢。

不過，真正把「辣味」發揮到極致的是四川人。

為什麼這麼說？

· 第二章　辣，其實不屬於五味 ·

早期，四川人的口味以甜膩、辛香為主。

甜燒白　　　　　薑汁雞

清朝康熙年間，辣椒隨著移民風潮進入四川，再與當地花椒的「麻」，組成一對「姊妹花」。

絕代雙「椒」

我負責麻。　　　我負責辣。

這正是常說的古典川菜與現代川菜的分水嶺。

· 沒有一棵青菜可以完整的走出四川 ·

到了二十世紀初期,由於四川經濟較為落後,用便宜又開胃的辣椒製成的川菜,深受當地民眾喜愛。

世界上沒有什麼事是一頓燒烤不能解決的。

如果有,那就再來一頓!

改革開放[4]後,開始流行「下館子」(按:去餐廳吃飯),川菜也憑著物美價廉的特點迅速占領大眾市場。

來點麻婆豆腐吧!非常下飯喔!

---
4 改革開放指 1978 年起,中國在經濟、政治、社會等方面進行的一系列重要改革與開放政策。

第二章 辣，其實不屬於五味

後來，很多不吃辣的地區，也開始流行川菜餐廳。

我們上海人，也不怕辣！

口味偏重的川菜，也被越來越多人接受。

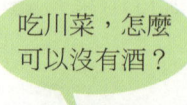

・沒有一棵青菜可以完整的走出四川・

吃川菜，怎麼可以沒有酒？

川菜佳餚，搭配濃香型川酒最對味！

辣，便逐漸發展成國民口味。

■ 重辣區：在長江中上游，包括四川、重慶、湖南、湖北、貴州、江西南部等地。
■ 微辣區：包括北京、山東、山西、陝西北部，以及甘肅大部、青海到新疆等地。
■ 淡辣區：主要在山東以南的東南沿海，包括江蘇、上海、浙江、福建、廣東等地。

・第二章　辣，其實不屬於五味・

重辣區中，各省分的偏好也不同。

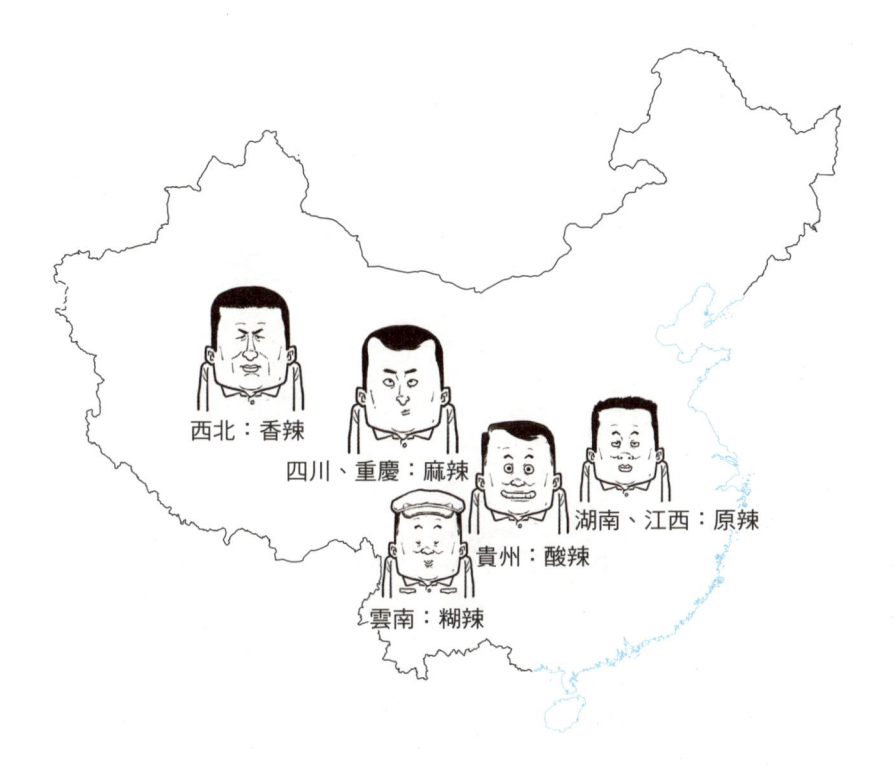

西北：香辣

四川、重慶：麻辣

湖南、江西：原辣

貴州：酸辣

雲南：糊辣

・第二章　辣，其實不屬於五味・

02. 薑是老的辣，椒是小的辣？

憑藉人們對辣椒的熱愛，辣椒被吃成了中國貨。這點大概南美洲國家都沒預料到。

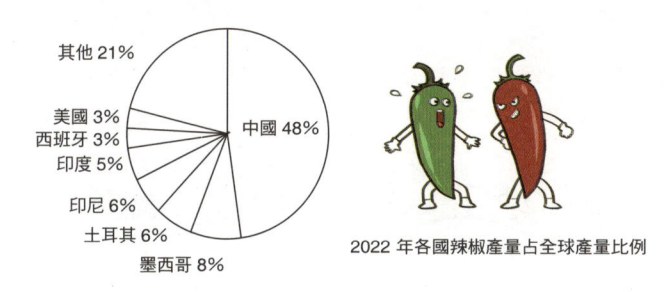

其他 21%
美國 3%
西班牙 3%
印度 5%
印尼 6%
土耳其 6%
墨西哥 8%
中國 48%

2022 年各國辣椒產量占全球產量比例

「世界上，每兩根辣椒就有一根產自中國。」

在不同地方，辣椒品種也不同[5]。

厚皮甜椒、彩椒

朝天椒、線椒、甜椒

彩椒、早熟甜椒、粗羊角椒

螺絲椒、加工乾椒

線椒、乾椒、朝天椒

黃皮羊角椒、綠皮羊角椒、燈籠型甜椒、泡椒

67

・沒有一棵青菜可以完整的走出四川・

> **小知識**
> 雖然辣椒用量大，但四川並不是辣椒的主要產區。

根據不同用途，辣椒被分為四類：

鮮食椒

加工椒

辛辣調味椒

觀賞椒

---

5 根據農業部農糧署資料，臺灣常見的辣椒有青龍辣椒（糯米椒）、紅辣椒、青辣椒、朝天椒和雞心椒五大類。其中青龍辣椒屬於無辣度；紅辣椒和青辣椒食用時舌頭會有辣感，可加工成辣椒醬或剝皮辣椒；朝天椒辣度更高，香味濃；雞心椒最辣，可加工為辣椒粉，或用於麻辣鍋中。

· 第二章　辣，其實不屬於五味 ·

而根據外形，可分為六大類：

	甜柿椒	扁圓形，近似燈籠的形狀，肉厚，多數不辣、微辣或少量辣。
	圓錐椒	中小圓錐形或短圓柱形，肉質較薄，微辣或辣。
	長角椒	牛角形、長圓錐形或羊角形，肉質中等，微辣或辣。
	朝天椒	長指形或短指形，肉質薄，辣。
	簇生椒	果實簇生，每簇 2～10 個果，短指形或錐形，肉質薄，極辣。
	櫻桃椒	近圓形或雞心形，肉質厚，極辣。

辣味強度從小到大的排列順序大致是這樣：

甜柿椒 ＜ 圓錐椒 ＜ 長角椒 ＜ 朝天椒 ＜ 簇生椒 ＜ 櫻桃椒

03. 辣椒的色香味

辣椒的呈色，主要取決於辣椒中類胡蘿蔔素和葉綠素的含量。

青椒　　橙椒　　黃椒　　紅椒

葉綠素　→　類胡蘿蔔素

除此之外，辣椒裡還有一種天然的紅色色素，被稱為「最安全的 A 類色素」，應用在許多領域。比如：

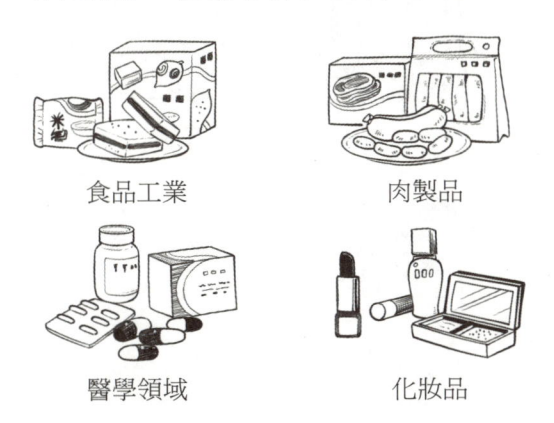

食品工業　　肉製品

醫學領域　　化妝品

・沒有一棵青菜可以完整的走出四川・

還是辣椒紅顯白！

目前科學家已從辣椒中檢測出三百多種香味物質,主要有這兩大類:

酯類

萜類

·第二章 辣,其實不屬於五味·

經比較,新鮮辣椒和乾辣椒中的揮發性成分相對多。

新鮮辣椒　＞　乾辣椒　＞　辣椒粉

另外,嚴格說起來,辣並不是一種味覺。

這個實驗可以自己在家操作:
在右手上撒鹽、左手撒辣椒粉。

鹽

辣椒粉

撒辣椒粉的
這隻手好痛!

鹽

辣椒粉

皮膚接觸辣椒之所以會痛，主要是來自一種叫辣椒素的物質。辣椒素能啟動痛覺神經，產生灼熱感和疼痛感。

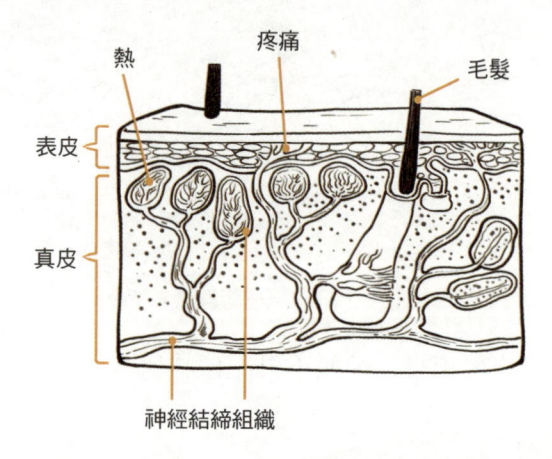

不過這種灼熱感不會讓人體燒傷，也不會損害舌頭上的味蕾。而不同辣椒因其辣椒素含量不同，辣度也不同。

	甜椒	沒有辣味，辣度為 0。
	雲南涮涮辣	辣度為 35 萬史高維爾辣度單位，是中國辣椒中辣度最高的品種。
	印度魔鬼椒	辣度為 100 萬史高維爾辣度單位。又被稱為斷魂椒。
	龍息辣椒	辣度高達 248 萬史高維爾辣度單位。

史高維爾辣度單位（Scoville Heat Unit，縮寫為 SHU）是什麼？又是怎麼測出來的？

1912 年，美國藥劑師威爾伯・史高維爾（Wilbur Scoville）嘗試了各種方法測量辣椒的辣度，其中一個方法是用糖水稀釋辣椒水。

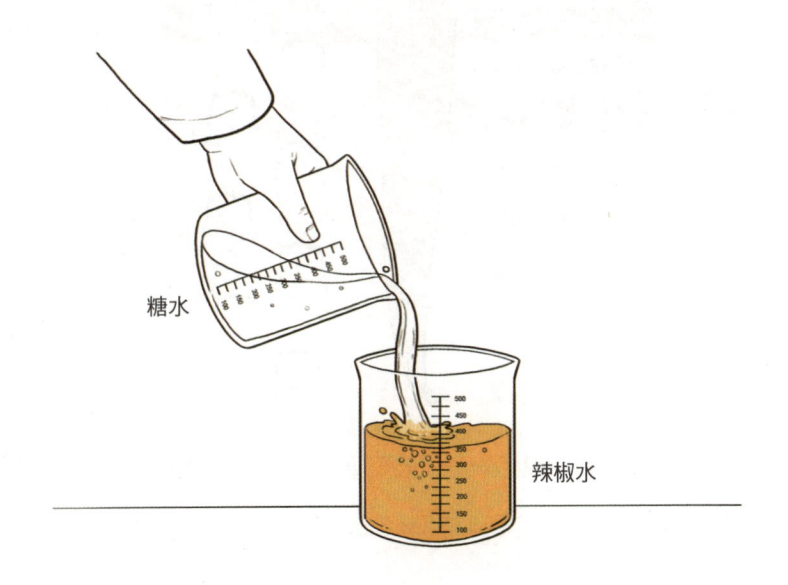

糖水

辣椒水

交給數個人品嚐後，再逐漸增加糖水量，直到無法嚐出辣味為止。需要的糖水越多，代表它越辣。

根據辣椒素含量不同，辣度可被分成 10 個等級：

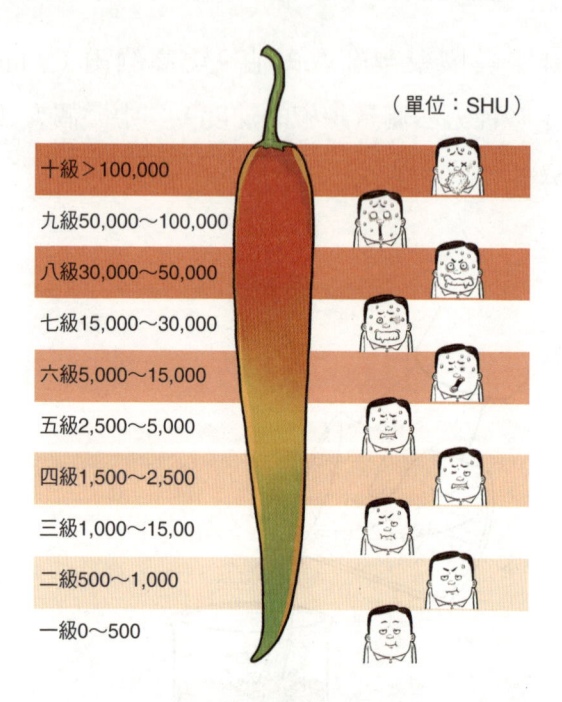

・沒有一棵青菜可以完整的走出四川・

（單位：SHU）

十級	>100,000
九級	50,000〜100,000
八級	30,000〜50,000
七級	15,000〜30,000
六級	5,000〜15,000
五級	2,500〜5,000
四級	1,500〜2,500
三級	1,000〜15,00
二級	500〜1,000
一級	0〜500

世界上最辣的辣椒——龍息辣椒[6]，用它榨的辣椒油可麻痺皮膚，如果食用，會引發過敏性休克。

> 龍息辣椒的用途不是吃，而是醫療。比如製作麻醉劑。

---

6 2023 年，金氏世界紀錄認證世界上最辣的辣椒為 X 辣椒，辣度達 269 萬 SHU，打破龍息辣椒的紀錄。

· 第二章 辣，其實不屬於五味 ·

另外，平時吃的麻辣鍋，辣度一般只有二級到三級。

辣椒雖然辣，但吃辣椒的好處也不少。

吃辣椒不僅會提升體溫，消耗身體熱量，還容易令人出汗。換句話說，吃辣可以減肥。

這可能是我堅持吃辣的唯一動力了！

77

・沒有一棵青菜可以完整的走出四川・

而在預防輻射方面，辣椒的表現也非常突出。

> 以後不要養仙人掌了，改種辣椒吧！

除此之外，辣椒還是蔬菜界維生素含量最高的蔬菜。

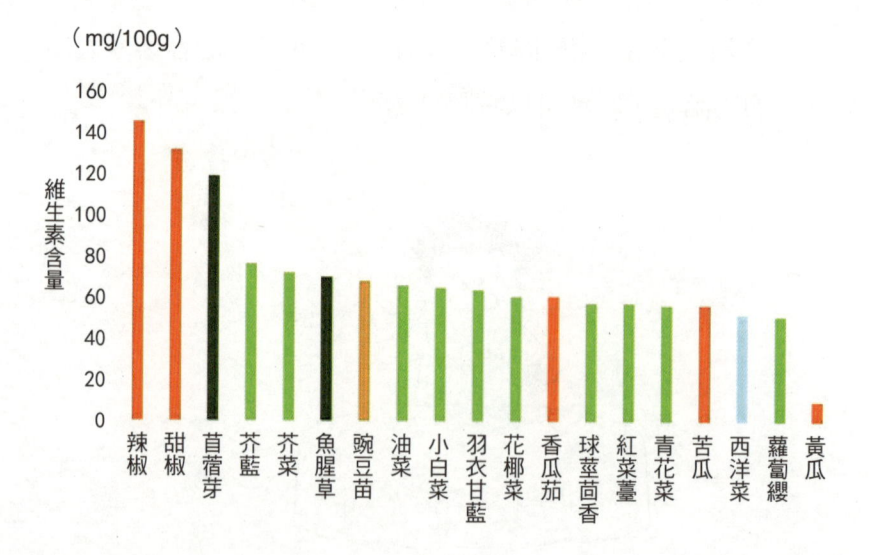

（mg/100g）

維生素含量

辣椒	約145
甜椒	約132
苜蓿芽	約120
芥藍	約77
芥菜	約72
魚腥草	約70
豌豆苗	約68
油菜	約65
小白菜	約64
羽衣甘藍	約63
花椰菜	約60
香瓜茄	約60
球莖茴香	約58
紅菜薹	約57
青花菜	約56
苦瓜	約55
西洋菜	約52
蘿蔔纓	約50
黃瓜	約8

· 第二章　辣，其實不屬於五味 ·

好了，時間不早，差不多到吃飯時間了。

世界上有五種辣，你們知道是哪五種嗎？

微辣、中辣、特辣、變態辣⋯⋯還有一種是什麼？

還有一種是吃了會讓人流眼淚的傷心辣[7]！

關於辣椒，今天就聊到這裡。

---

7 此為中國土味情話。原本的第五種辣是「我想你辣」。

· 沒有一棵青菜可以完整的走出四川 ·

> **延伸閱讀** 辣椒因為來自海外,所以被四川人稱為海椒。其實針對舶來品,不同朝代的人都有自己的命名邏輯。

1. 凡是名字裡帶有「胡」字,多半起源於漢朝[8]。

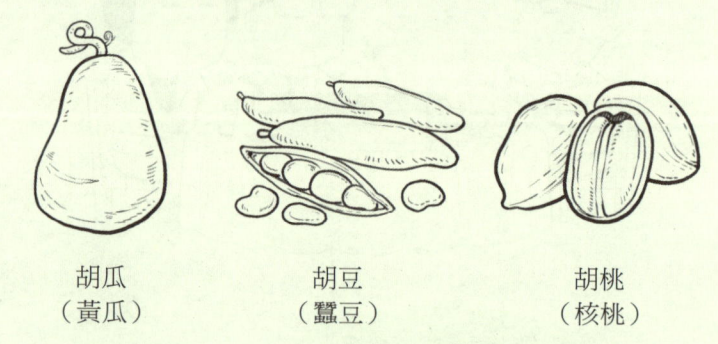

胡瓜　　　　　胡豆　　　　　胡桃
(黃瓜)　　　　(蠶豆)　　　　(核桃)

2. 名字裡帶有「番」字,多半起源於宋朝、明朝。

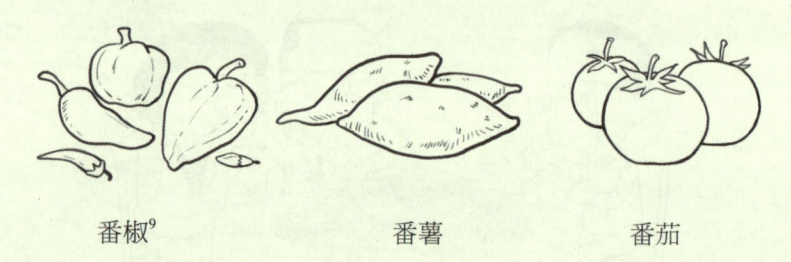

番椒[9]　　　　番薯　　　　　番茄

---

8 西漢張騫出使西域時從絲路傳入,胡指胡人。
9 番椒為辣椒和甜椒的統稱。番是來自外國、外族的意思,當時主要從美洲走海路進入中國。

3. **而名字裡帶有「洋」字，主要來自清朝[10]。**

洋蔥　　　　洋人　　　　洋火
　　　　　　　　　　　（俗稱火柴）

---

10 洋也是走海路，不過主要是來自歐洲。與胡、番相比，更隱含著文明、時尚的意味。

第三章

川味靈魂人物之一：
泡椒

· 沒有一棵青菜可以完整的走出四川 ·

前面提到的花椒、辣椒，都是川菜中不可或缺的調味料。而泡椒則是指經過醃製的辣椒。

今天就來談談川菜之骨——泡椒！

川菜裡，許多菜中都能看見泡椒的影子。

泡椒鳳爪 　　　　泡椒肉絲 　　　　泡椒魚

俗話說，川菜做得好不好，首先看泡椒。泡椒的味道會直接影響到川菜的品質！

那我們今天就直接來看看泡椒是如何製成。

・第三章　川味靈魂人物之一：泡椒・

01. 清洗、調味、密封

第一步是清洗。

跟著我一起做！

洗乾淨後，將辣椒裝入泡菜罈[1]內，再加入食鹽、白酒等調味料。

---
1 傳統的泡菜罈會有單向的封口水槽，以利泡椒發酵。詳見本章第 2 節。

・沒有一棵青菜可以完整的走出四川・

為什麼要加酒？

這樣有兩大好處：殺菌和增香。

首先，高濃度白酒可以殺死有害微生物。

納命來！

再者，白酒中的醇、醛、酸、酯等香味物質，可以為後期發酵微生物提供原料，進而增香。

這是你們點的「麻辣香鍋」，要好好享用喔！

・第三章　川味靈魂人物之一：泡椒・

食材不能只是放進去，最好要壓實。

食材距離罈口至少保持 8 公分到 10 公分。

如果加入優質老母水（鹽水）[2]，效果就更好了。

泡菜鹽水

液體淹沒食材至少 1 公分。

小知識

食材千萬不能露出液體表面，否則功虧一簣！

---

2 指反覆使用過的泡菜鹽水。

· 沒有一棵青菜可以完整的走出四川 ·

最後蓋上蓋子,加水密封。泡椒基本上就算完成了!

封蓋　　　　　　　　加水

是不是很簡單?那接下來要做什麼?

我知道!把泡菜罈放在陰涼處,然後坐著等。對吧?

沒錯!不過我們現在要來解釋其中的科學原理。

02. 泡椒發酵全靠乳酸菌

表面上，泡椒製作的標準流程已經結束。但實際上，罈內微生物的工作才剛開始。

準備上工啦！

參與發酵的有哪些微生物？

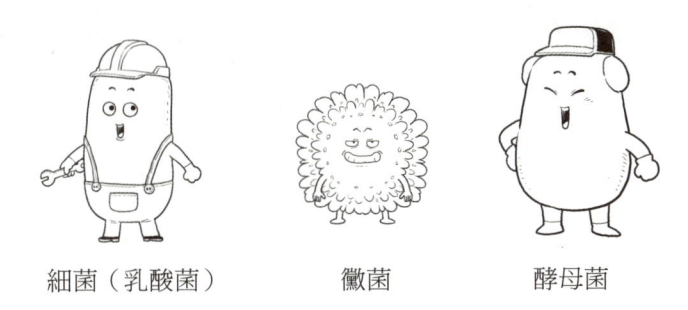

細菌（乳酸菌）　　黴菌　　酵母菌

小知識

辣椒上的細菌除了乳酸菌，還有片球菌、四疊球菌等。

・沒有一棵青菜可以完整的走出四川・

乳酸菌數量最多，繁殖速度也最快，平均 20 分鐘到 30 分鐘就能繁殖一代。

乳酸菌
20 分鐘到 30 分鐘繁衍一代

黴菌
繁衍一代要花費 2 小時以上

酵母菌
所需時間更長

面對新環境，乳酸菌家族中的異型乳酸菌會最先進入工作模式。

我們工作總是充滿活力！

· 第三章　川味靈魂人物之一：泡椒 ·

　　產酸的同時，它們還會順便釋放出二氧化碳。這些二氧化碳會不斷的將罈內的空氣帶出。

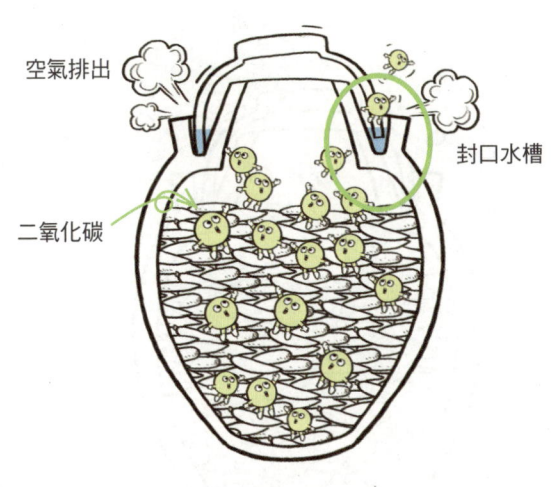

空氣排出

封口水槽

二氧化碳

小知識

封口水槽是最早的單向閥門。用水封住罈口，氧氣進不去，使罈內形成適合乳酸菌活動的環境，同時又能將產生的二氧化碳等氣體自動排出去。

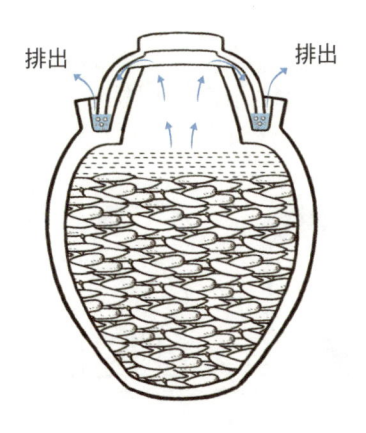

排出　　　　排出

所以在製作泡椒時，罈裡不能裝得太滿，不然水也會隨著氣體從裡面冒出來。

> 我帶你們出去看看吧！

水分子

可不要小看這些氣體的能量，它們有時強力到足以掀開罈蓋。

> 如果處於完全密封的狀態，連不鏽鋼容器都可能被撐破！

· 第三章　川味靈魂人物之一：泡椒 ·

異型乳酸菌的兩大任務，就是產生二氧化碳和乳酸。

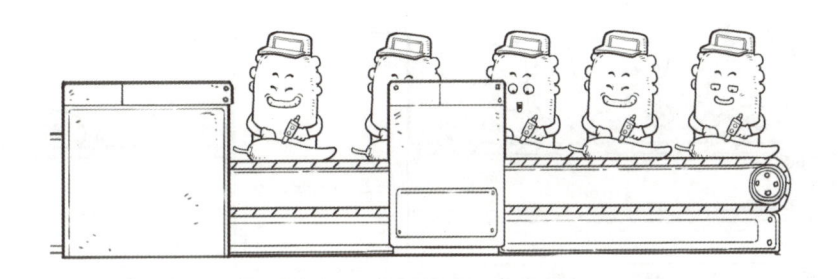

而在乳酸菌的努力之下，你猜罈內變成什麼樣子？

變酸了！

在變酸的過程中，黴菌無法生存，最後退出發酵工作。不過耐酸的酵母菌可沒閒著。

・沒有一棵青菜可以完整的走出四川・

> 我們是酵母菌，擅長釀酒！

伴隨著酵母菌的強大輸出，醇類、醛類、酸類、酯類等香味物質浸入泡椒，帶來更豐富的味道。

> 謝謝你們，在後頭幫我們收尾。

> 那是必須的，你們都不必多說，我們就知道怎麼做！

・第三章　川味靈魂人物之一：泡椒・

　　大概 15 天到 20 天後，罈內氧氣耗盡，酵母菌無法繁殖，也被迫停工回家。

　　這時，你是不是有點迫不及待的想嚐嚐味道？但媽媽通常會這樣告訴你：

　　這是為什麼？

因為這時的泡椒還沒成熟！

具體來說，這時還沒有完全發酵好，裡面還有很多腐敗細菌。於是另一種乳酸菌就登場了！

放心交給我們！

你們來了！

同型乳酸菌

同型乳酸菌所產生的乳酸菌素，能夠迅速殺死大腸桿菌等腐敗細菌。

・第三章　川味靈魂人物之一：泡椒・

衛生第一！

在這邊重點說明：同型乳酸菌和異型乳酸菌都是乳酸菌，不過在很多方面還是不太一樣。

異型乳酸菌

參與前期發酵，
產酸和二氧化碳。

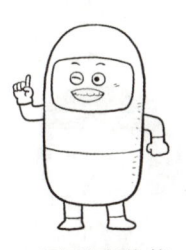

同型乳酸菌

參與後期發酵，
只產酸。

就這樣，只要堅持 5 天到 9 天，等待 pH 值達到 4 左右，這時，美味的泡椒就成熟了。

·第三章 川味靈魂人物之一：泡椒·

延伸閱讀 發酵過程中，如果產生的二氧化碳很多，可以收集起來再利用！比如，製作可樂。

咕

或者壓縮成乾冰，可用於菜餚的氛圍營造。

悟空，前面是否就是凌霄寶殿？

要是產生的二氧化碳夠多，還可以用於製作滅火劑、冷媒，或是人工降雨。

第四章

辣椒保存不簡單

辣椒雖然好，但如果一下子吃太多，誰也受不了。

你有考慮過馬桶的感受嗎？

可是辣椒的保存期限很短，不及時加工就會腐爛。

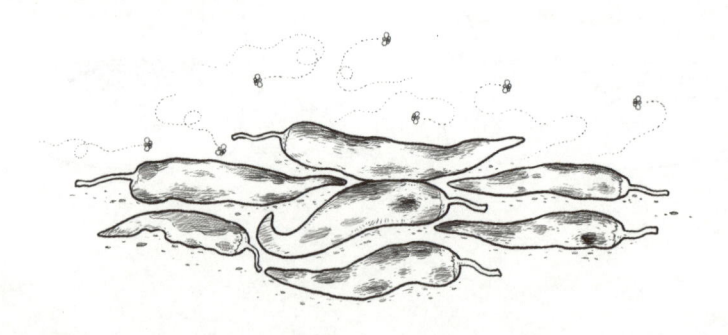

・第四章　辣椒保存不簡單・

為什麼保存期限這麼短？一切取決於這兩種物質：

我是水哥。　　我是小酶。

水分子　　生物酶

小酶本身天生活潑，遇到腐敗微生物，就會沖昏頭，再加上水哥帶頭，腐敗微生物一下子就占據優勢地位。

我這邊有糖果喔！
要不要跟我們玩？

103

也因此，廚藝好的人都知道，辣椒這種東西，就是吃多少買多少。

01. 如何解決快速腐爛問題？

為了延長銷售期，並讓其他季節也能吃辣椒，老王想了不少辦法，比如：

「日晒」

日晒這個方法簡單又環保，重點是不花錢。

就這樣晒180天吧！

但天然日晒的乾辣椒，狀況也不太理想。

水分含量高，
不耐儲存。

細菌孳生，
導致發霉。

混入灰塵，
不衛生。

乾燥週期長，
營養流失。

而且要是遇到下雨，就更不用說了！

辛辛苦苦晒了十幾天，一場大雨毀所有！

・第四章　辣椒保存不簡單・

於是，老王從理髮店找到了靈感。

髮型不知道，但吹風機不錯！

你看我的新髮型怎麼樣？

看著嗡嗡作響、冒著熱風的機器，老王似乎看見希望，拿起吹風機就開始研究。

「熱風乾燥」

熱風乾燥是目前辣椒乾燥中最常用的方法，但也會遇到一些問題。像是：

107

・沒有一棵青菜可以完整的走出四川・

乾燥過快，表皮硬化。

溫度過高，顏色不好看。

營養成分損失嚴重。

為了解決變色問題，老王不得不投入更多資金。

沒想到為了烘乾辣椒，居然得花這麼多錢！

真空乾燥機

「真空乾燥」

·第四章　辣椒保存不簡單·

　　真空乾燥機可以讓水在低溫下沸騰並蒸發。這是什麼原理？其實就跟在高原上煮水一樣[1]。

大概80℃到90℃，水就燒開了！

　　真空乾燥機會將乾燥箱內部抽為真空，降低箱內氣壓，使辣椒中的水分在50℃到60℃就可以沸騰並蒸發。

這樣就能保留辣椒原色！

---

1 高海拔的地方氣壓較低，而液體壓力與大氣壓力相等時，液體就會蒸發。因此，氣壓下降，沸點也會降低。

・沒有一棵青菜可以完整的走出四川・

不過，雖然顏色變好看了，但營養流失的問題還沒解決。

話不多說！

使用高科技的力量！

「冷凍乾燥」

所謂冷凍乾燥，就是把水變成冰，然後直接蒸發掉。

有在中國北方生活過的人都知道，
冬天洗的衣服在外面凍一晚，第二天就乾了！

原理大致上是這樣：

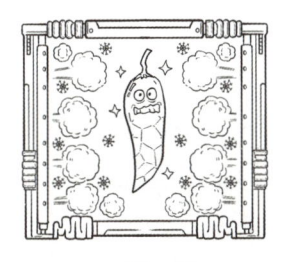

第一步	第二步	第三步
冷凍辣椒。	乾燥機中被抽為真空，使得辣椒中的冰在真空下昇華為水蒸氣。	用冷卻器去除水蒸氣。

經過這三步操作，不僅能維持辣椒本色，同時也不會流失維生素 C！

Nice!

小知識

除此之外還有其他辦法，比如使用太陽能低溫乾燥機，可以有效改善自然日晒的缺點。

・沒有一棵青菜可以完整的走出四川・

另外，現在市面上賣的蔬果乾，一般有兩種製作方法：真空油炸和真空冷凍乾燥。

秋葵乾 　　　豇豆乾（也叫長豆） 　　　胡蘿蔔乾

至於是用哪一種方法？檢驗的方法很簡單！

> 用紙擦，看紙上有沒有油漬！

好了，言歸正傳。不管使用什麼方法，辣椒都變成了乾辣椒。

辣椒 　　　乾辣椒

02. 川味涼菜常客：辣椒粉

我們來聊聊乾辣椒在川菜裡的用法：

一、常規乾辣椒粉

這個比較常見，就是直接將乾辣椒粉碎。

辣椒經過打碎後，裡面的香橙烯和己酸乙酯混合在一起，香氣十足。

小知識

一般來說，辣度越大，酯類物質含量越高，刺激性氣味越明顯；辣度越小，烯烴類物質含量越高，芳香性氣味就越明顯。

二、糊辣椒粉

與乾辣椒粉的差異在於，打碎前要先將辣椒炒香。

第四章　辣椒保存不簡單

炒過的乾辣椒,會形成一種具有堅果和焙烤過的香氣,也就是我們常說的——焦香。

為啥我只感受到嗆?

炒香後一樣,再將辣椒粉碎。

・沒有一棵青菜可以完整的走出四川・

三、炮灰辣椒粉

要做炮灰辣椒粉,首先要把辣椒放在木炭灰中炮製。

等到辣椒變得酥脆後,再以手搓碎或用擂缽搗碎。

> 這酥脆的聲音,讓人聽了都忍不住想嚐嚐!

· 第四章　辣椒保存不簡單 ·

> 這種方法做出來的辣椒粉，味道一級棒！

　　炮灰辣椒粉具有濃烈的焦香味，正宗的瀘州麻辣雞就是用這個製作而成。

　　除此之外，乾辣椒還有很多用途：

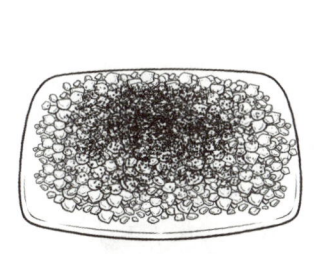

花生辣椒粉 　　　　　　燒烤辣椒粉

・沒有一棵青菜可以完整的走出四川・

辣椒粉在川味涼菜中是常客。比如：

陳皮兔丁 　　　　　　麻辣牛肉乾

熱食、小吃就更不用說了。

麻辣魚 　　　　麻辣兔 　　　　麻婆豆腐

看得我都餓了！

走！去吃飯！

第五章

辣油，美味的祕訣

・沒有一棵青菜可以完整的走出四川・

四川特色美食有很多,相信這些你肯定都聽過:

龍抄手

擔擔麵

夫妻肺片

口水雞

是不是光看,就讓人口水直流?

好香啊!

・第五章 辣油，美味的祕訣・

但是你有想過嗎？一樣都是擔擔麵，為什麼你在家自己煮，就拌不出這個味道？

> 難道是有什麼不可告人的祕密嗎？

> 其實只是紅油（辣油）沒做好！

你是不是想問，紅油是什麼？

> 熱油一淋下去，紅油不就好了！

・沒有一棵青菜可以完整的走出四川・

真的有這麼簡單?其實背後藏著這些問題:

用什麼辣椒?
除了辣椒還有哪些香料?
用什麼油?
一種油還是兩種油?
油溫是多少?

是不是很複雜?要不然老闆也不會免費送你!

老闆,幫我多加點辣油!

給你,這辣油拌什麼都好吃!

涼菜

・第五章　辣油，美味的祕訣・

　　辣椒和油，這兩個普通的東西，怎麼加在一起就變這麼香？其實這一切都離不開這兩個反應：梅納反應（Maillard reaction）、施特雷克爾降解反應（Strecker degradation）。

　　它們看起來很陌生，其實道理很簡單。

一、梅納反應

　　梅納反應，又稱為非酶促褐變反應，於 1912 年由法國化學家路易・卡米耶,梅納（Louis Camille Maillard）所提出。

快來看！有新發現！

123

他發現胺基酸與葡萄糖混合加熱時,會生成棕黑色的大分子物質——類黑精。後人在此基礎上發現,這類反應不僅改變食品的顏色,對香味也有重要影響。

我也想看看!

怎麼影響?以下舉個簡單的例子:

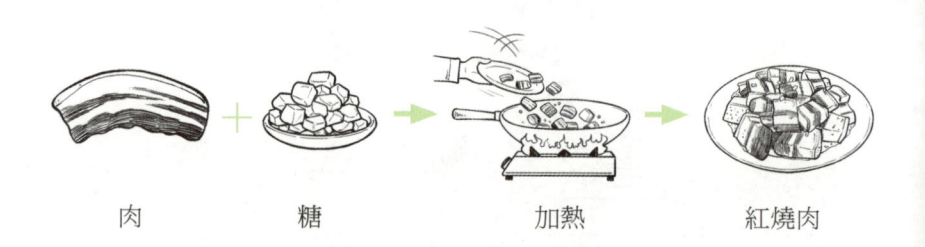

肉　　　　糖　　　　加熱　　　紅燒肉

糖還是那塊糖、肉也還是那塊肉。可是燒成紅燒肉以後,不僅顏色變好看,味道也更香了。這就是五花肉中的胺基酸和醣類產生的梅納反應。

· 第五章　辣油，美味的祕訣 ·

再來一塊！

小知識

其實這也是高溫油促進風味物質形成的原理，溫度越高，梅納反應越激烈。

具體來說，醣類和胺基酸加熱後，會產生聚合反應。

我們一起走吧！

醣類　胺基酸

結果呢？最終生成棕黑色的大分子物質——類黑精。

這膚色，會不會是隔代遺傳？

胺基酸　醣類

二、施特雷克爾降解反應

施特雷克爾降解反應，就是四氧嘧啶將丙胺酸分解為乙醛和二氧化碳的過程。

這是一套複雜的化學式。

・第五章　辣油，美味的祕訣・

具體來說，就是 α-胺基酸與 α-二羰基化合物，經過一系列複雜反應後，形成吡嗪（**按：吡嗪音同碧秦**）。

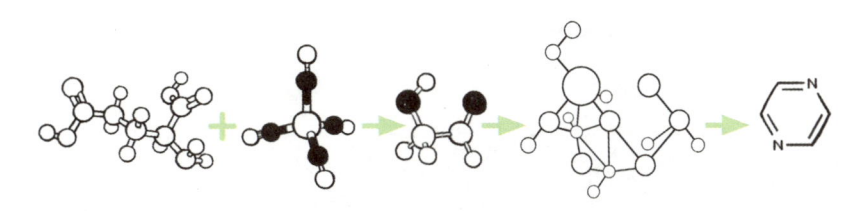

胺基酸　　　羰基分子　　醛類　　酮類化合物　　　吡嗪

小知識

除此之外，還可以降解生成較小分子的雙乙醯、乙酸、丙酮醛等。

吡嗪具有芳香性，在很多情況下都會形成。比如：

釀酒時　　　　　　　　烘烤時

127

・沒有一棵青菜可以完整的走出四川・

好了,言歸正傳。讓我們來看看如何挑選辣油:

總共就三招!

1. 看顏色:色澤是否紅亮。

2. 聞香味:香味是否醇厚。

3. 嚐味道:回味是否綿長。

· 第五章　辣油，美味的祕訣 ·

> 這麼複雜？難道你們也想跟品酒師搶工作？

四川人對辣油有獨特的愛，所以辣油也不只有一種。

香辣辣油	🌶 ＋ 🌶 ＋ 🌶
麻辣辣油	🌶 ＋ 花椒
五香辣油	🌶 ＋ 香料包
豉香辣油	🌶 ＋ 豆豉
糊辣辣油	一盤糊辣椒
蔥香辣油	🌶 ＋ 蔥 ＋ 蔥 ＋ 洋蔥

129

而不同的辣油，搭配不同的食材。

缽缽雞

棒棒雞

涼拌魚

為了在家就能吃到好吃的辣油，今天我們來聊聊如何製作。主要有兩個重點：

1. 挑選辣椒。

2. 油溫控制。

・第五章 辣油，美味的祕訣・

一、挑選辣椒

想做好辣油，辣椒的選擇是關鍵。

魔鬼椒：辣味足，但不夠香。

燈籠椒：顏色紅，但不夠辣。

秦椒：香味足，但不夠辣。

這個我知道，取長補短！

走，我們去別家看看！

・沒有一棵青菜可以完整的走出四川・

因此,想製作出好吃的辣油,得先配出最棒的辣椒組合。

> 有沒有一種又香又辣、色澤又好的辣椒?

> 這個……目前還在研究。

小知識

除了辣椒,做辣油時還會加入其他香料,如八角、月桂葉、茴香、大蔥、生薑、香菜、洋蔥等。

二、油溫控制

四川人做辣油喜歡使用菜籽油(也就是油菜籽油)。

> 辣油的精髓就在這裡!

菜籽油

· 第五章 辣油，美味的祕訣 ·

菜籽油具有獨特的香氣，用它做的辣油別具風味。

我彷彿聞到了油菜花的香味！

別發呆了！差不多該起鍋了。

・沒有一棵青菜可以完整的走出四川・

辣油做得好不好，油溫控制很關鍵。

油溫過低：香味物質難以浸出。　　油溫過高：辣椒變暗或焦化，並帶有苦味。

考量到辣油的香味和色澤，油溫的理想範圍是120℃到180℃！

· 第五章 辣油，美味的祕訣 ·

最後，要進行自然降溫、浸泡。

大約需要浸泡 1 天。

浸泡過程中，油會將辣椒中的辣椒素、色素、香氣充分提取出來，使辣油更濃香。

為什麼是油？水不行嗎？

當然不行！

乙醇和水都屬於極性溶劑（親水），能互溶；而油脂屬非極性溶劑（疏水），難溶於水。至於辣椒素、色素屬非極性溶質，難溶於水，但易溶於油脂。

・沒有一棵青菜可以完整的走出四川・

> 就像我們說的物以類聚、人以群分，是一樣的道理。

> 老闆，來點海椒油！

> ＊要得！

那麼關於辣油，今天就介紹到這裡。

＊四川方言，表示同意、接受。

第六章

剁椒的
辣、酸、鮮、甜

・沒有一棵青菜可以完整的走出四川・

一提到「剁椒」,很多人都會脫口說出:

「剁椒魚頭」

想要做一道完美的剁椒魚頭,剁椒是關鍵。

只有用心,才能做出最好的菜!

你以為剁椒長這樣?

・第六章　剁椒的辣、酸、鮮、甜・

其實是這樣。

好的剁椒必須符合以下幾個標準：

色澤紅亮　　　　口感脆　　　　有發酵辣椒
　　　　　　　　　　　　　　　的特殊風味

那要怎麼做，才能做出完美的剁椒？

這個很簡單，我們接著說。

首先，要將新鮮紅辣椒洗乾淨，並晾乾表面水分。

1. 洗　　　　　　2. 晾

再剪掉辣椒的蒂頭，並剁碎。

3. 剪　　　　　　4. 剁

小知識

順序不能亂，一定要先洗。因為辣椒裡如果進水，就容易腐爛。

・第六章 剁椒的辣、酸、鮮、甜・

接著加入一定比例的鹽、酒、薑末、蒜末等佐料。

就是這樣拌，拌得越均勻越好吃。

最後放入密封的泡菜罈中，置於陰涼處醃漬一段時間就完成了。

這些步驟，是不是看起來很眼熟？

· 沒有一棵青菜可以完整的走出四川 ·

泡椒和剁椒的作法很相似，但有一些差別。

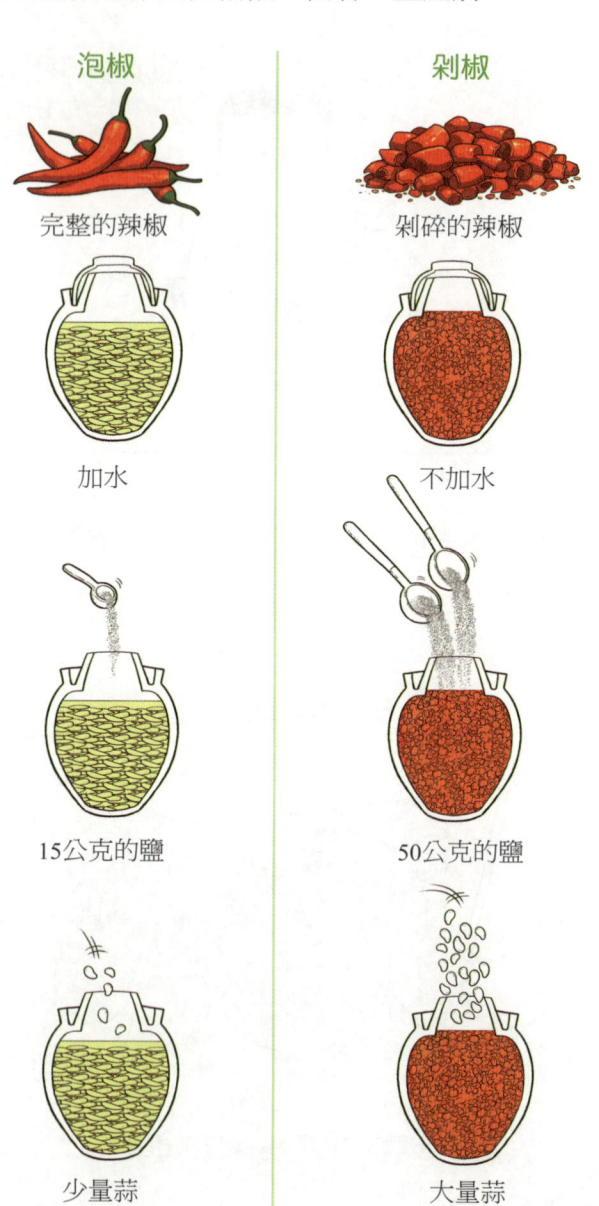

泡椒	剁椒
完整的辣椒	剁碎的辣椒
加水	不加水
15公克的鹽	50公克的鹽
少量蒜	大量蒜

正因為不同的工藝和配料，決定了發酵過程中微生物種類和數量的不同，使得剁椒形成獨樹一格的風味。

一、色

辣椒裡富含類胡蘿蔔素，而類胡蘿蔔素是一種天然色素，天生嬌貴。

辣椒切碎後，類胡蘿蔔素就會接觸到外界空氣，容易氧化，導致辣椒變暗、變軟。

· 沒有一棵青菜可以完整的走出四川 ·

所以長久以來，保鮮是剁椒的首要難題。

· 第六章　剁椒的辣、酸、鮮、甜 ·

二、香

辣椒經過發酵，會產生豐富的醛類、酮類、酸類等化合物，它們都是香氣的來源。

> 醛類物質濃烈、酮類物質持久。你們慢慢體會……。

三、味

剁椒的味，可以分成辣味、酸味、鮮味、甜味。

1. 辣味

就辣椒本身而言，發酵前後辣椒素的含量可能沒什麼變化，但加入不同調味料後，情況就有所不同了。

・沒有一棵青菜可以完整的走出四川・

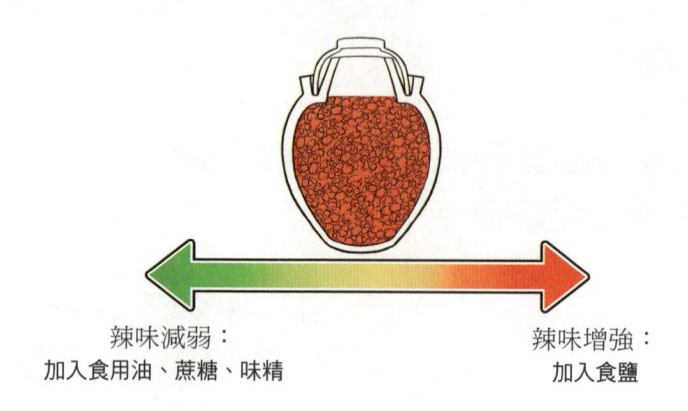

辣味減弱：
加入食用油、蔗糖、味精

辣味增強：
加入食鹽

2. 酸味

剁椒的酸，主要來自發酵時乳酸菌產生的乳酸。

酸酸甜甜就是我。

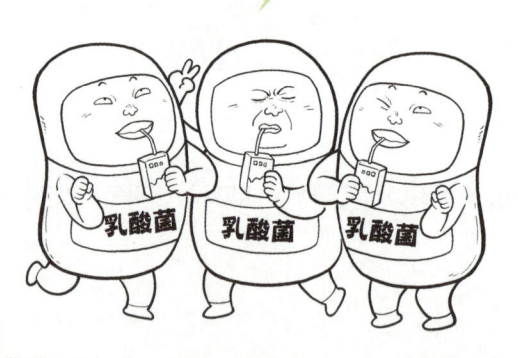

小知識

除此之外，還有酒石酸、蘋果醋、檸檬酸和琥珀酸。但到了發酵後期，它們的含量都會下降。

3. 鮮味

發酵過程中會形成豐富的胺基酸。胺基酸中的麩胺酸、天門冬胺酸本身沒有鮮味，但與食鹽結合後會形成鈉鹽。而鈉鹽是具有鮮味的。

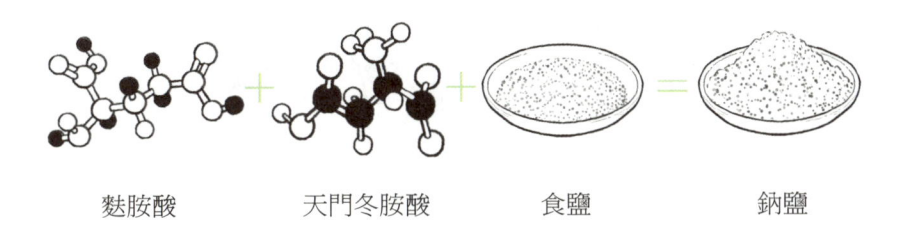

麩胺酸　　　　　天門冬胺酸　　　　食鹽　　　　　鈉鹽

可別小看「鹽」，其實它在發酵過程中的作用極大。

首先，高濃度的鹽具有高滲透壓力，一下子就能直接滲透到細胞內部。

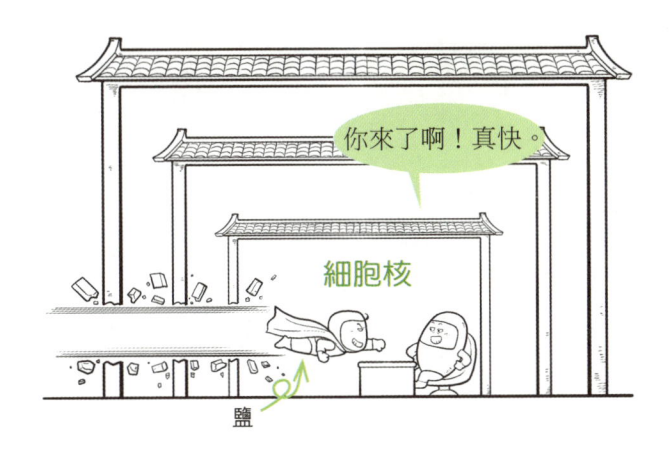

你來了啊！真快。

細胞核

鹽

· 沒有一棵青菜可以完整的走出四川 ·

在鹽的作用下，辣椒逐漸脫水、體積縮小，組織變得緊密而有韌性和脆性。

胖胖的就好，要什麼肌肉！

要對自己狠一點！

另外，不同溶質在相同濃度下的滲透速度不同。

我第一！

我第二，我不服氣！

第三也滿好的。

……

鹽 ＞ 醋酸 ＞ 白糖 ＞ 醬香料

・第六章　剁椒的辣、酸、鮮、甜・

　　由於滲透作用，可以排出原料中部分苦澀物質、黏性物質，改善辣椒的風味和透明度。

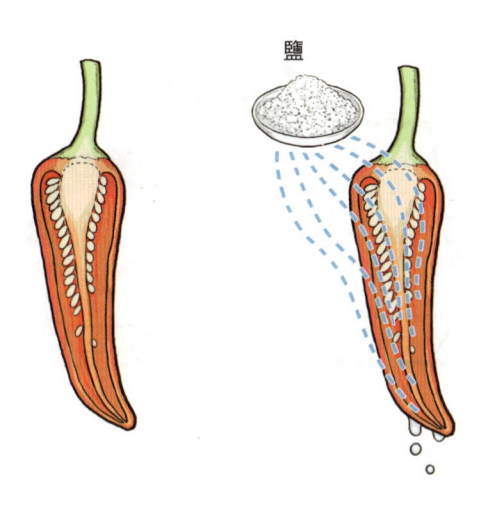

　　最後，高鹽可以抑制微生物生長，在一定的期間內保存原料，避免腐敗。

4. 甜味

　　剁椒中的甜，主要來自辣椒本身含有的兩種醣類。

・沒有一棵青菜可以完整的走出四川・

雙醣
蔗糖、麥芽糖

單醣
果糖、葡萄糖

　　不過隨著發酵時間拉長，糖分會不斷被消耗，甜味總體呈下降趨勢。

　　最後，除了色香味，剁椒還有另一項重要考核指標，也就是「脆」。

四、脆

　　脆是一種牙齒感覺反應。

・第六章 剁椒的辣、酸、鮮、甜・

這個口感吃起來真過癮！

而剁椒中的脆，主要來自於果膠。

果膠

放大一點看，大概長這樣：

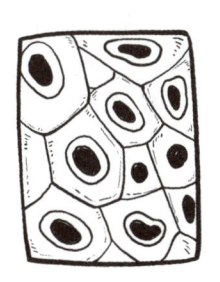

果膠的膠層與纖維,結合為果膠纖維,使組織具有一定的強度和密度。

這看起來像不像鋼筋混凝土?

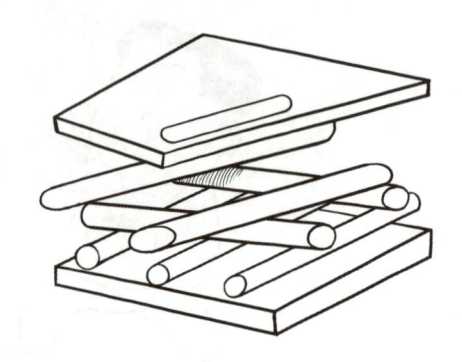

果膠黏得牢不牢,決定了果膠纖維的結實程度。

太硬了!
根本咬不動。

・第六章　剁椒的辣、酸、鮮、甜・

但隨著時間延長，果膠纖維細胞間的果膠質會被逐漸分解，形成水溶性果膠，細胞壁逐漸散開，各個果肉細胞變鬆、變軟。

不溶性果膠被溶解，
所有的細胞無法緊密聯結在一起。

這就和切好的蘋果一樣。
原本還很脆，但放久了
以後就容易變「粉」。

以上，就是關於剁椒的介紹。

第七章

豆豉「進化」論

· 沒有一棵青菜可以完整的走出四川 ·

> 這又黑又黏的東西，除了吃還能做什麼？

> 這是豆豉，由豆子經蒸熟、發酵而成。

按照用途分類，豆豉可以分為食用豆豉和藥用豆豉。

食用豆豉　　　　藥用豆豉

以原料來說，食用豆豉的主要原料是大豆[1]。

> 我是黑豆！

> 我是黃豆！

黑豆豉　　　　黃豆豉

---

1 大豆根據種皮顏色不同可分為黃豆和黑豆。另外，豆莢完全成熟時採收即為大豆，若在約八分熟時採收則為毛豆。

・第七章 豆豉「進化」論・

而藥用豆豉除了大豆,還會用到青蒿、桑葉等。

要青蒿做什麼?

你聽過青蒿素嗎?
曾經得過諾貝爾生醫獎[2]喔!

根據不同地區的製作特點,豆豉形成了不同派系。

你們兩個是哪個門派的?

我是日派!

我是印尼派!

永川豆豉　陽江豆豉　貴州豆豉　　日本納豆　印尼豆豉

---

2 中醫典籍提到的青蒿,實際上是黃花蒿的乾燥地上部分。中國女藥學家屠呦呦發現的青蒿素,也是從黃花蒿萃取而來。

· 沒有一棵青菜可以完整的走出四川 ·

> **小知識**
>
> 日本的納豆（細菌型豆豉）、味噌，以及印尼的天貝（根黴型豆豉）等，均源於中國豆豉。

假如只知道這些，就太淺了！豆豉，作為傳統食品，按照工藝分類，有四種類型：

| 麴黴型豆豉 | 根黴型豆豉 | 細菌型豆豉 | 毛黴型豆豉 |

> 鹹豆豉、淡豆豉、乾豆豉和水豆豉等，都是豆豉的小分類。想知道為何豆豉是分成這四種，就要先了解豆豉的製作過程，內部發生了些什麼。

・第七章 豆豉「進化」論・

01. 不可或缺的蛋白酶

豆豉的發酵，主要是這兩種物質在作用：

大家好，我叫小白。

我是小白的鄰居，可以叫我「白酶大俠」。

大豆蛋白　　　蛋白酶

它們兩個是怎麼作用的？來簡單講一個故事：

在被煮熟之前，大豆裡的小白絲毫沒有活力。

要我活動，是不可能的。

159

經過製麴而成的蛋白酶,則精力充沛、充滿活力。

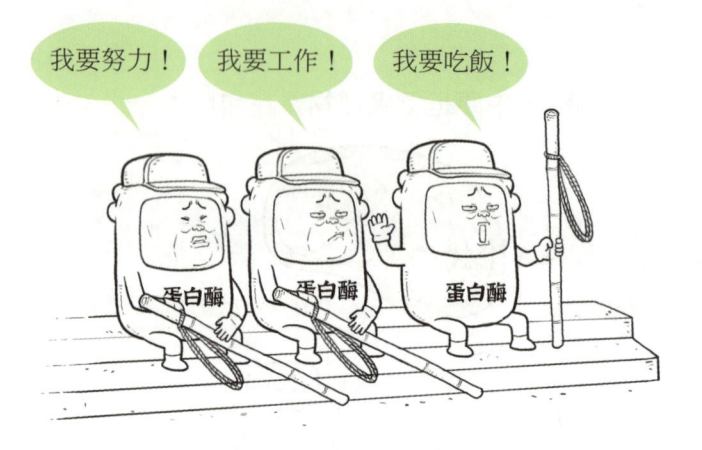

往煮熟的豆子裡加入麴藥……

・第七章　豆豉「進化」論・

從這一刻起，反應即將開始。

接下來，蛋白酶就進入生產線作業：

首先，小酶把豆子中的蛋白質適度分解，轉化成胺基酸、多肽等物質。

發酵到一定程度時，加入適當的鹽和酒。

前面有說過，在發酵過程中加入鹽和酒，不僅能抑制微生物生長，還能生香和提鮮。

消毒　　　　　　　　　　生香

之後為了維持豆子的形狀，會透過乾燥等方法控制酶的活力。

・第七章　豆豉「進化」論・

差不多了，收工！

卡！

看懂了嗎？其實發酵這件事，就這麼簡單：

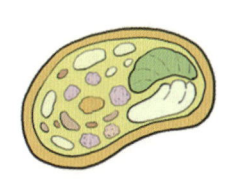

1. 在煮熟的大豆裡加入麴藥。

2. 麴藥中的蛋白酶，開始分解大豆中的蛋白質。

3. 分解產出胺基酸、多肽等物質。

所以，把握好這些物質的轉化流程，就掌握了發酵的程度。當然，把握程度這件事，最擅長的還是導演。而釀製豆豉這場好戲的導演就是——豆豉師傅。

· 第七章　豆豉「進化」論 ·

02. 做豆豉就像拍電影

每位師傅都有自己的獨門祕訣，環境、時間、手法都各自有一套複雜的規矩。我們只要了解一點基本手法，吃飯時不要只會說好吃就行了。

一、選角

說白了，戲拍得好不好，演員很重要。

演員一號，快抓緊時間上妝。

・沒有一棵青菜可以完整的走出四川・

導演對選角要求很高,像是乾癟、不成熟、有破皮的⋯⋯基本上都會落選。

・第七章 豆豉「進化」論・

選完以後,要清洗、浸泡。

泡澡真舒服!

要浸泡約 5 小時到 6 小時。

・沒有一棵青菜可以完整的走出四川・

二、熱身

豆子雖然經過浸泡,但對微生物來說,還是很硬。

快弄一盆熱水來!

這跟煮飯一樣,要水溫合適、軟硬適度。這種集體軟化的過程叫做:泡發。

原來大家都在啊!

「泡發」

· 第七章　豆豉「進化」論 ·

熟化後，再集體冷卻。

總算變涼快了！

三、接種

女主角在哪裡？

・沒有一棵青菜可以完整的走出四川・

再來，要加入能分解大豆蛋白質的麴種。

你們的工作就是好好相處！

麴菌繁殖會形成麴塊，但由於堆積和麴塊板結（按：凝固、硬化成板狀），會導致麴塊中間溫度過高、供氧不足，要時不時打散。

差不多就可以了！距離產生美感。

四、後酵

到這個階段,已經發酵得差不多了。導演得看準時機喊「卡」,畢竟發酵過度也不行。

> 就是現在,上道具!

暫停發酵的方法有很多,其中最常用的是鹽和酒。

> 這些你拿去用吧!

・沒有一棵青菜可以完整的走出四川・

五、乾燥

幾乎所有類型的豆豉，最後都得進行這一步：乾燥。

殺菌烘乾一機體，讓美食一步到位！

除了烘乾，還有其他方式。比如：

炒乾　　　　　　　　　晒乾

03. 四大豆豉有何區別？

明明步驟都差不多，不同類型豆豉的口感怎麼差這麼多？這都是因為接種了不同的微生物。

一、麴黴型豆豉

麴黴型豆豉是利用米麴黴發酵。

> 發酵這件事，我說第二，沒人敢說第一！

米麴黴中的蛋白質分解酶能力非常強，使用後，黴菌生長茂盛。

> 哥，就是不一樣的煙火！

・沒有一棵青菜可以完整的走出四川・

經過洗麴後……

哈囉，大家好！

小知識

洗麴是麴黴型豆豉獨有的必經流程。

洗麴有以下三大好處：

控制水解速度 　　　　　光澤度好 　　　　　減少苦澀味

二、根黴型豆豉

根黴型豆豉採用木槿葉發酵。

木槿

從木槿葉中可以分離出根黴。與黃豆接種後,可參與分解大豆蛋白質。

根黴

・沒有一棵青菜可以完整的走出四川・

三、細菌型豆豉

細菌型豆豉則採用稻草包裹發酵。

為什麼是稻草？一方面，稻草上布滿天然的接種物：

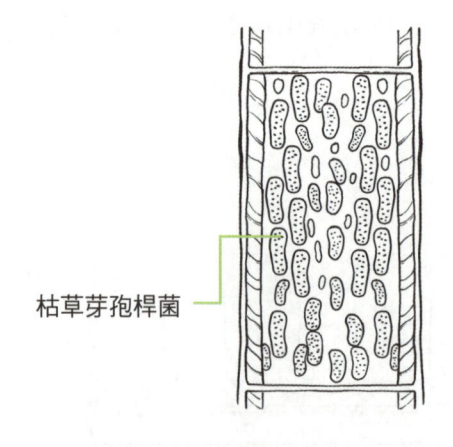

枯草芽孢桿菌

・第七章 豆豉「進化」論・

另一方面，稻草結構特殊，保溫效果極好，是大豆發酵的天然搖籃。

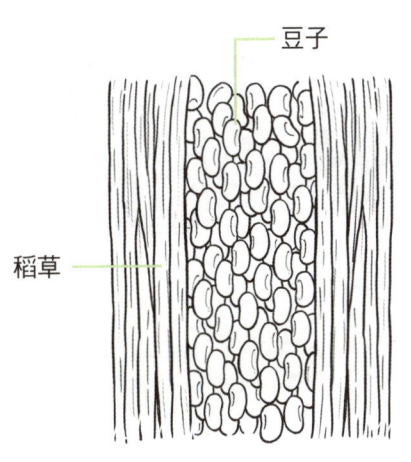

這也是古人選用稻草鋪床的原因。

・沒有一棵青菜可以完整的走出四川・

最後一趟就下班啦!

麴房

稻草,在製麴專業中被稱為「千年草」。

有了稻草的保溫,經過一天半的自然發酵,就可以得到拉著長絲的豆豉半成品了。

拉著長絲的樣子,是不是有點像拔絲地瓜!

四、毛黴型豆豉

毛黴比其他微生物更適應低溫，所以毛黴型豆豉通常會在天氣冷時製作。

> 不會吧？做豆豉還要講求天氣？

雖然毛黴家族的成員很多，但擅長發酵豆豉和豆腐乳的只有兩種：

高大毛黴　　　總狀毛黴

・沒有一棵青菜可以完整的走出四川・

幾天後，潔白又細製的絨毛就會覆蓋整個大豆表面。

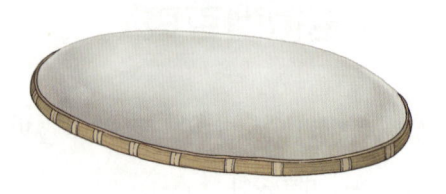

這是不是有點像蠶絲被！

豆豉作為川菜特色調味料，還延伸出很多調味品。

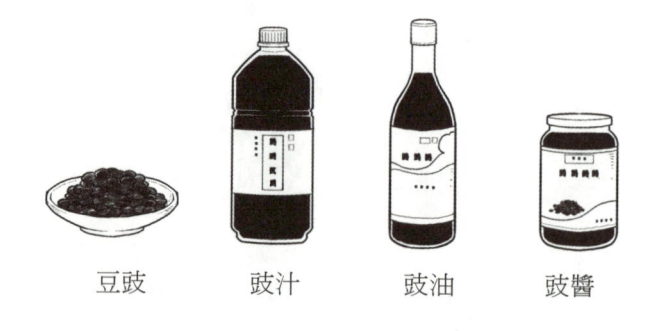

豆豉　　豉汁　　豉油　　豉醬

豆豉與川菜非常搭，很多料理都會用到豆豉。比如：

豆豉魚　　　　豆豉雞

回鍋肉　　　　麻婆豆腐

・第七章 豆豉「進化」論・

是不是光看就讓人口水直流？

豆豉不僅能增強菜餚的色澤，還提升能整體口感，給人不一樣的味蕾享受。

> 關於豆豉，還有很多事可以介紹。不過我們今天就聊到這裡。

好了，時間差不多，該開飯了！

第八章

菜鳥大豆，
晉升全靠三祕訣

・沒有一棵青菜可以完整的走出四川・

你們有發現嗎？吃羊肉時，都有這樣的選擇分歧：

> 不加豆腐乳，羊肉怎麼吃？

> 我不要吃豆腐乳！

一聽到「東方的乳酪」，大家可能會覺得很陌生，但其實它就是：豆腐乳！

· 第八章　菜鳥大豆，晉升全靠三祕訣 ·

豆腐乳，又稱為黴豆腐、腐乳、南乳，是部分人吃涮羊肉的必備調味料。

羊肉配腐乳，人生不低潮。

豆腐乳的主要原料是豆腐⋯⋯不！其實是：

「大豆」

・沒有一棵青菜可以完整的走出四川・

誰能想到,這樣平平無奇的豆子,後來人生竟像開了外掛,不僅成功創業,還單槍匹馬創立了自己的品牌?

黑龍江的克東豆腐乳

北京王致和豆腐乳、老才臣豆腐乳等

浙江紹興豆腐乳

四川的夾江豆腐乳 唐場豆腐乳

雲南路南的石林牌豆腐乳

桂林豆腐乳

廣東的水口豆腐乳

小知識

除此之外,浙江的餘姚、寧波和福建等地,均有生產豆腐乳。

· 第八章 菜鳥大豆，晉升全靠三祕訣 ·

豆子完成了一場華麗的逆襲，科學家都表示很驚豔。

什麼東西這麼神奇？

傳統豆腐乳是由精選黃豆加工成豆腐胚，並接種微生物，配以特定的湯汁經發酵而成。

中間發生了什麼？怎麼做到的？別急，讓我們接著讀下去。掌握職場三大祕訣，菜鳥也能飛上天。

· 第八章　菜鳥大豆，晉升全靠三祕訣 ·

01. 腳踏實地做事：
　　　要做腐乳，先做豆腐

大豆製成豆腐，總共需要三步驟：

首先，將大豆浸泡後，磨成漿。

接著把漿煮沸，這就是我們平常所說的豆漿。

想做豆腐，接下來這步驟非常重要：

「點漿」

剛開始，大豆中的蛋白質經浸泡、磨漿、加熱後，會變成膠狀。

滷水的主要成分是氯化鎂，屬於電解質溶液，可以中和蛋白質表面吸附的離子電荷，使蛋白質凝聚在一起。

・沒有一棵青菜可以完整的走出四川・

關鍵時刻，
還是得靠我們！

除了鹵水，還有很多東西可以讓蛋白質凝聚。像是：

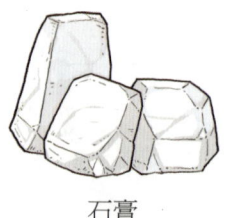

石膏　　　　　　檸檬酸

小知識

近年來，科學家發明了一種新物質——葡萄糖酸內酯。用它做的豆腐，潔白細膩、口感滑嫩，不只含水量大，產出率也高。

　　經過一系列的操作，大豆已經變成又白又嫩的豆腐。晉升第一步：業務熟悉階段已完成。

02. 看準機會蛻變：
　　豆腐變豆腐乳

豆腐不易保存。吃不完的豆腐，通常會有兩個結果：

壞了，只好丟掉。

發酵，得以蛻變。

不願服輸的豆腐，自然會選擇第二條路，但蛻變需要經歷複雜又艱辛的過程。首先是切塊、攤晾。

經過攤晾後，接下來複雜的工作就交給微生物了。

・第八章 菜鳥大豆，晉升全靠三祕訣・

微生物中主要有毛黴、根黴、枯草芽孢桿菌，它們分泌出的蛋白酶能分解豆腐中的蛋白質。

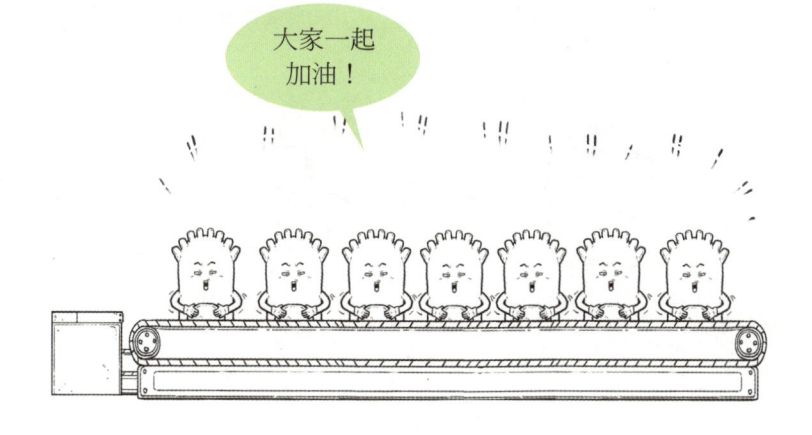

小知識

五通橋豆腐乳、王致和豆腐乳、紹興豆腐乳都是典型的毛黴發酵豆腐乳。

除了發酵型豆腐乳，還有一種相對簡單的豆腐乳——醃製型腐乳。

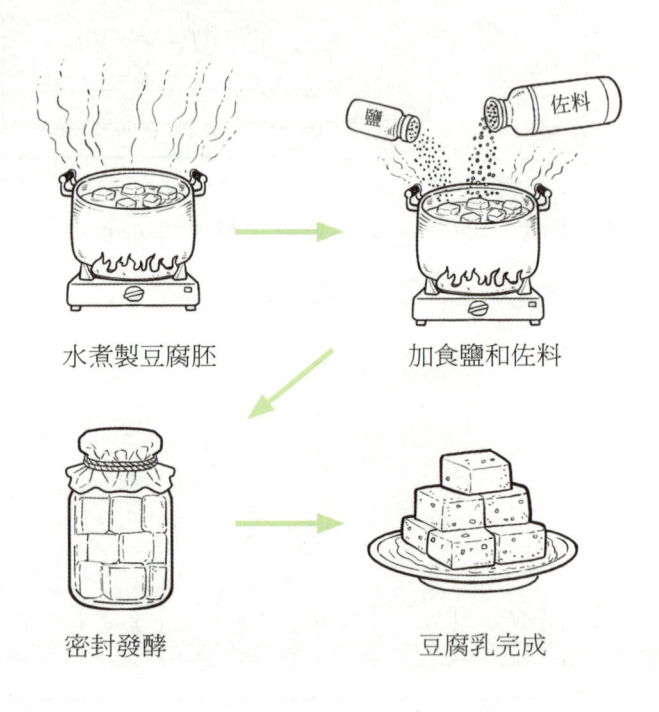

水煮製豆腐胚 → 加食鹽和佐料

↓

密封發酵 → 豆腐乳完成

豆腐乳雖然做好了，但各自的區別並不大。想要在市場上脫穎而出，還要學會打扮自己。

03. 做好形象管理：
　　 色彩繽紛的豆腐乳

接下來，就該白酒上場了。

沒有一瓶酒解決不了的問題！

＊飲酒過量，有害健康。
＊未滿 18 歲禁止飲酒。

白酒有很多用途，重要的是提升香氣。

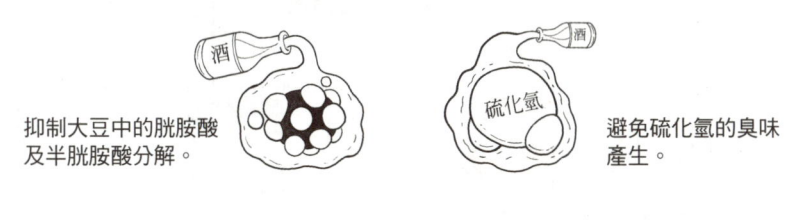

抑制大豆中的胱胺酸及半胱胺酸分解。

避免硫化氫的臭味產生。

酒中的醇類物質與發酵產生的酸，生成了酯類物質，提升了豆腐乳的香氣。

・沒有一棵青菜可以完整的走出四川・

小知識

除此之外，還可以加入高良薑、白芷、砂仁、草豆蔻、公丁香、母丁香、肉桂、山柰、紫蔻、肉蔻、甘草、陳皮等香辛料，賦予豆腐乳更多香氣。

除了內涵，想成功也少不了形象管理。

換好衣服了！

按照顏色，豆腐乳可以分成白方、紅方、青方，以及醬方等。白方比較低調，發酵後直接在瓶子裡放 60 天到 90 天就好了。

小知識

白方中的桂林豆腐乳、五通橋豆腐乳都非常有名。

而紅方的紅色，則來自紅麴米。

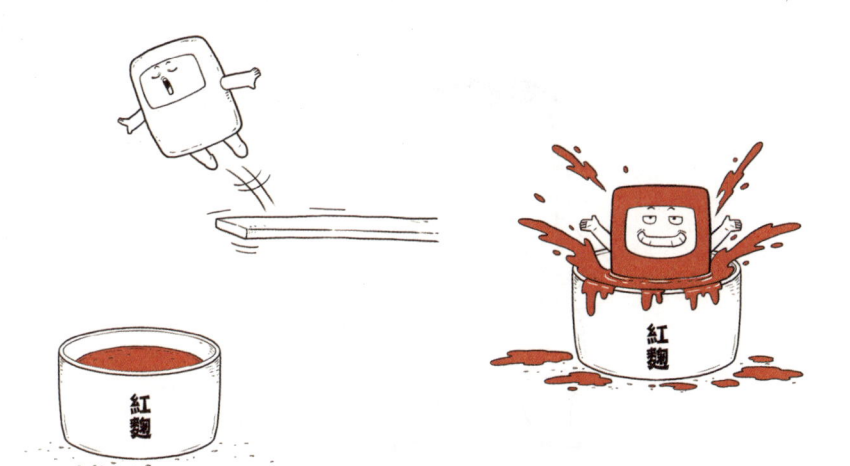

紅麴米不僅顏色好看，還能健脾、消食、和胃。紅麴色素是人類很早就開始使用的食用色素。

喜歡吃辣的人，也可以加辣椒粉或紅油。

比如我，沒有辣椒就吃不下飯。

・第八章　菜鳥大豆，晉升全靠三祕訣・

青方的製作相當複雜。礙於篇幅，在這邊先不細談他們上色原理。

不急，我們讓鹵水再作用一下！

密封一段時間後，豆腐就穿上了青色的衣服！

小知識

王致和臭豆腐就是青方的代表。

201

・沒有一棵青菜可以完整的走出四川・

最後是醬方。醬方比較小眾，製作起來也比較麻煩，光是佐料就需要十幾種！

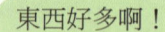

透過梅納反應，豆腐乳會變成褐色，大概長這樣：

・第八章 菜鳥大豆，晉升全靠三祕訣・

發現了嗎？經過發酵過的豆腐，華麗轉身，變成了豆腐乳。不僅營養更加豐富，而且用途也更加廣泛。

第九章

川菜的靈魂豆瓣醬

・沒有一棵青菜可以完整的走出四川・

　　這一章開頭,要先來靈魂拷問:提起真正的川味,你會想到什麼?

內江的糖?

保寧的醋?

自貢的鹽?

或是……

麻婆豆腐

回鍋肉

宮保雞丁

水煮肉片

· 第九章　川菜的靈魂豆瓣醬 ·

其實都不對。川菜的真正靈魂是它——豆瓣醬。

有了豆瓣醬，即使是零廚藝新手，也能一秒變大廚。

・沒有一棵青菜可以完整的走出四川・

豆瓣醬是由蠶豆和辣椒發酵而成，針對不同口味，有不同品種。

> 甜豆瓣醬，重點是原汁原味。

> 辣豆瓣醬就不用解釋了，就是四川人的最愛！

甜豆瓣　　　　　　　　辣豆瓣

而根據是否添加植物油，豆瓣醬又可以分成紅油類和非紅油類。

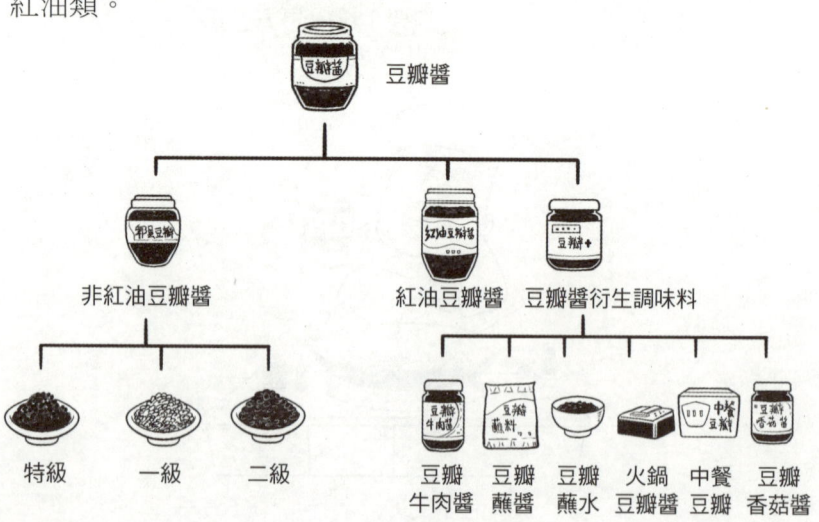

豆瓣醬
├─ 非紅油豆瓣醬
│   ├─ 特級
│   ├─ 一級
│   └─ 二級
├─ 紅油豆瓣醬
└─ 豆瓣醬衍生調味料
    ├─ 豆瓣牛肉醬
    ├─ 豆瓣蘸醬
    ├─ 豆瓣蘸水
    ├─ 火鍋豆瓣醬
    ├─ 中餐豆瓣
    └─ 豆瓣香菇醬

· 第九章　川菜的靈魂豆瓣醬 ·

特級
發酵週期為 3 年到 5 年
顏色為黑紅色

一級
發酵週期為 1 年到 3 年
顏色為深紅褐色

二級
發酵 6 個月以上
顏色為紅褐色

小知識

為了滿足不同人群的喜好，豆瓣醬衍生的創新產品越來越受歡迎。

既然豆瓣醬這麼受歡迎，我們今天就來介紹，它如何成為川菜中的「靈魂之王」！

首先，要做豆瓣醬，就離不開這兩樣食材：

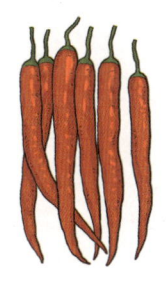

1. 二荊條辣椒

2. 蠶豆

209

· 沒有一棵青菜可以完整的走出四川 ·

為何要選蠶豆，而不是黃豆、黑豆或其他豆類？

相較於其他豆類，蠶豆脂肪含量低，富含蛋白質、膳食纖維和碳水化合物，且瓣粒較大，硬度適中，經過發酵水解後，依然能保持瓣形完整。
當然，還有一點：四川特產蠶豆。

一罐普通的豆瓣醬，雖然看起來很簡單，但背後的製作過程卻無比漫長。

光是翻攪這個動作，就必須重複至少 13,140 次。

· 第九章　川菜的靈魂豆瓣醬 ·

> 你以為這次數是在開玩笑嗎？不！這是每位豆瓣醬師傅的堅持！

發酵更是需要上千個日夜、兩萬多個小時的等待。

> 不會吧！

總結來說，製作豆瓣醬可分三步驟：

1. 製作甜瓣子 　　2. 準備辣椒胚 　　3. 後熟發酵

· 沒有一棵青菜可以完整的走出四川 ·

一、製作甜瓣子

蠶豆的處理很講究細節。首先要汆燙。

> 水有點燙，我快不行了！

這就是生料製麴。不僅可以鈍化蠶豆的內源酶，還有很多好處。像是：

保持外形完整

確保口感酥脆

具有獨特風味

色香味均優於熟料製麴

・第九章　川菜的靈魂豆瓣醬・

汆燙後，再用溫水浸泡蠶豆。

還是溫水比較舒服。

浸泡到手捏蠶豆時，中間會出現一條白線。

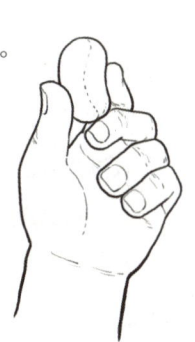

然後再裹上一層薄薄的麵粉和米麴黴麴精。

抬頭，閉眼。

· 沒有一棵青菜可以完整的走出四川 ·

小知識
也可以不加麴精,進行自然接種製麴。但那樣的話,對時節、環境要求較高。

接下來,就是神祕的製麴之旅!

> 好擠啊!往旁邊挪一點。

> 你也來啦!

> 換個位置吧!

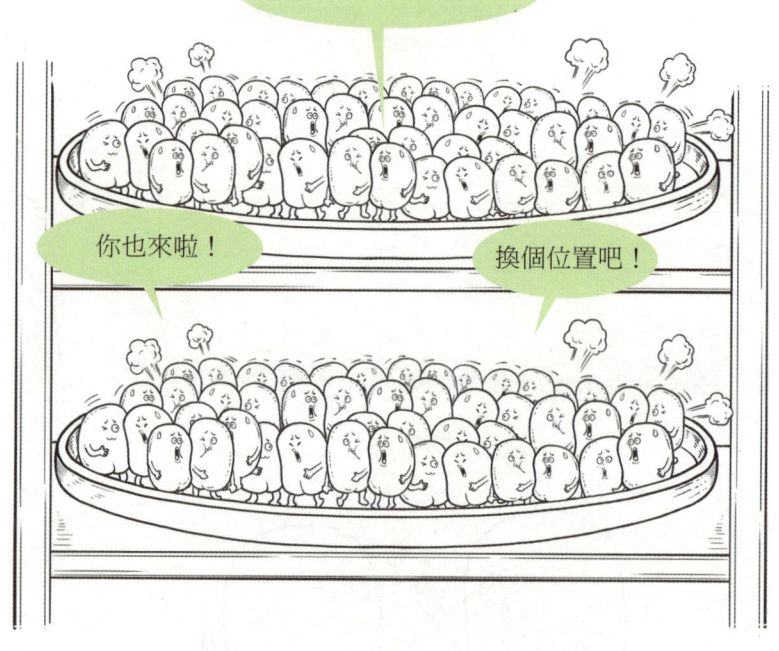

· 第九章　川菜的靈魂豆瓣醬 ·

發酵一段時間後，為了防止蠶豆瓣中間過於擁擠，造成缺氧、溫度過高等問題，要定期翻一翻。

看我神龍擺尾！

就這樣，堅持了 4 天到 5 天後，蠶豆瓣上會長出一層又厚又毛茸茸的香灰。

睡到頭髮都長出來了！

這就是「米麴黴」。

・沒有一棵青菜可以完整的走出四川・

在米麴黴的賣力工作下，豆瓣裡的澱粉轉化成葡萄糖，口感偏甜。這時的豆瓣也稱為「甜瓣子」。

眼看製麴就要結束，甜瓣子將進入下一道工序。

> 早就想好好洗洗了。

鹽水

鹽的加入，使得米麴黴的生長受到限制，但其他耐鹽微生物——酵母菌和芽孢桿菌則開始生長，並代謝出醇類、酸類、酯類等風味物質。

> 輪到我們上場啦！

芽孢桿菌
酵母菌

· 第九章　川菜的靈魂豆瓣醬 ·

就這樣翻來覆去，直到甜瓣子變成紅褐色，且醬香濃郁時才能停止。

二、準備辣椒胚

蠶豆在「深造」時，辣椒也相當忙碌。

看我無敵旋風切！

217

在切好的辣椒中加入食鹽，攪拌均勻裝進罈中。

> 辣椒和酒一樣，最好的修煉都在罈中進行！

就這樣，二荊條辣椒搖身一變，變成了辣椒胚。

三、後熟發酵

將發酵好的甜瓣子和辣椒胚放一起。

· 第九章　川菜的靈魂豆瓣醬 ·

再加入鹽攪拌均勻。

都到最後一步了，為什麼還要加鹽？

這裡頭大有學問。

在這個階段，做什麼都離不開鹽。

增鮮　　　　　避免雜菌攻擊　　　　避免過度水解

後熟發酵,是利用不同時期空氣中的微生物進行發酵,講究「翻、晒、露」。

翻:每天早上,對豆瓣醬醅[1]進行翻晒。

晒:夏季未成熟的豆瓣醬醅,應加長翻晒時間。

露:在夜晚沒有雨水的情況下進行敞露,辣椒原本的氣味會隨霧氣揮發消失。

---

[1] 醅原指未過濾的酒。醬醅指製作時的不流動半成品。

· 第九章　川菜的靈魂豆瓣醬 ·

隨著時間延長，豆瓣的色澤會逐漸變深、質地變濃稠，胺基態氮和總酸均逐漸增加，香味物質變得豐富。

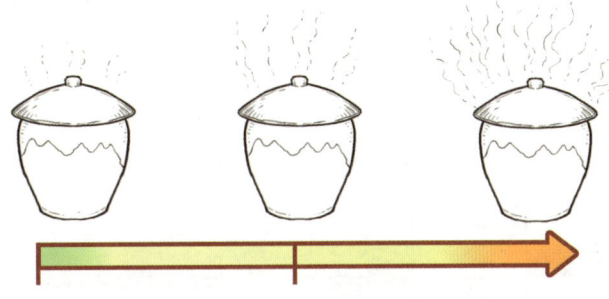

3 個月到 12 個月
有較強烈花果香氣，標誌性風味成分為辛酸乙酯和 4-乙基癒創木酚。

29 個月到 36 個月
呈現板栗、黃瓜和橙皮等複合香氣，標誌性風味成分為反式壬烯醛。

一般來說，好的豆瓣醬至少需要經歷一年一度的盛夏晒露。但是，後熟完成後，如果繼續發酵，微生物就會開始罷工，腐敗菌便趁虛而入，營養成分和風味物質會不斷減少，容易出現腐酸味、陳舊感，並呈烏暗色。

難道不是越久越好？

發酵結束後,將進入低溫、隔氧、壓實、排氣、遮光、密閉的陳釀環節,最後包裝出廠。

好了,豆瓣就介紹到這裡。下次見!

・第九章　川菜的靈魂豆瓣醬・

延伸閱讀 米麴黴和黃麴黴是近親，不僅外觀形態相似，連基因都很相近，很多人容易混淆。

> 不過這都逃不出我的法眼。

　　米麴黴的頂端，有個類似球形或瓶形的孢子頭，這是它的種子。

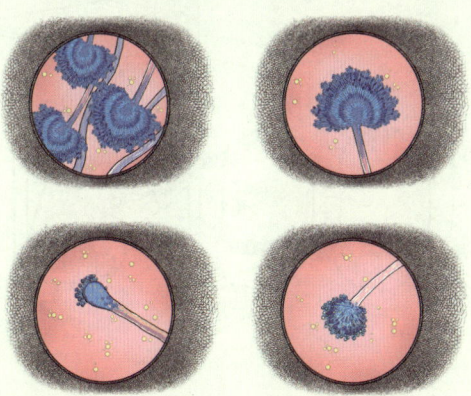

223

・沒有一棵青菜可以完整的走出四川・

而黃麴黴產的黃麴黴素,毒性是砒霜的 68 倍。

但不必緊張,並非所有黃麴黴都會產生黃麴黴素。而且使用黃麴黴時,研究人員都會先進行「安全檢查」。

危險物品一律不能帶進去!

第十章

釀醋一點都不難

・沒有一棵青菜可以完整的走出四川・

很久以前有部知名戲劇,其中有個橋段是這樣的:

老哥,吃點醋吧!

要得,不吃醋還算是老西兒[1]嗎?

那您是要米醋還是熏醋?

我只吃老陳醋[2]。

在醋的家族中,除了米醋、熏醋,還有哪些大人物?

1 老西兒是中國華北及東北地區對晉語區(主要是山西省)人們的一種戲稱。
2 老陳醋是中國四大名醋之首,出自山西。

・第十章　釀醋一點都不難・

山西老陳醋　　　江蘇香醋

福建老醋　　　四川麩醋

要是想了解其中差別，就得先搞懂它們的釀造工藝。

山西老陳醋 → 高粱、麩皮、大麴、稻殼、穀殼 → 大麴發酵 → 高溫固態醋酸發酵 → 燻胚 → 夏伏晒、冬撈冰 → 陳釀

·沒有一棵青菜可以完整的走出四川·

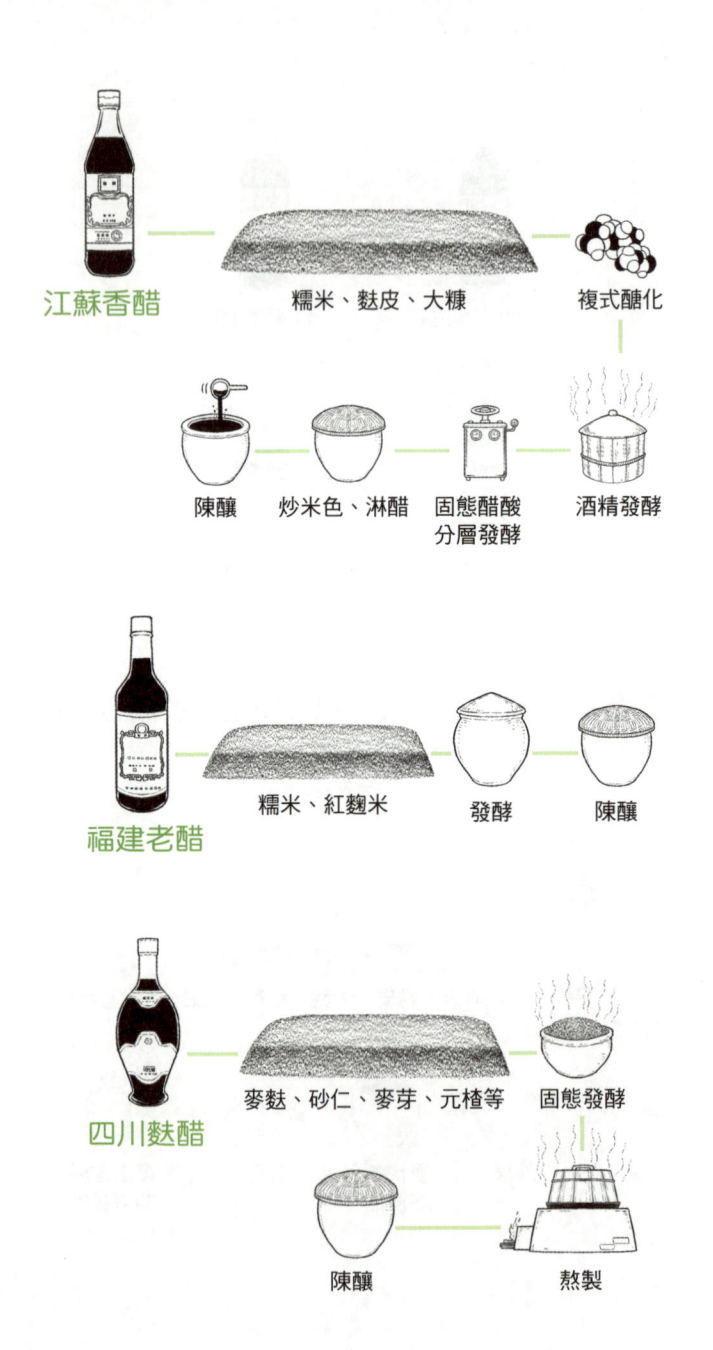

江蘇香醋: 糯米、麩皮、大糠 → 複式醣化 → 酒精發酵 → 固態醋酸分層發酵 → 炒米色、淋醋 → 陳釀

福建老醋: 糯米、紅麴米 → 發酵 → 陳釀

四川麩醋: 麥麩、砂仁、麥芽、元楂等 → 固態發酵 → 熬製 → 陳釀

> **小知識**
>
> 四川麩醋以藥麴為引，它的藥理性更強，被稱為「東方神醋」。

除了以上這四種，醋的種類還有很多：

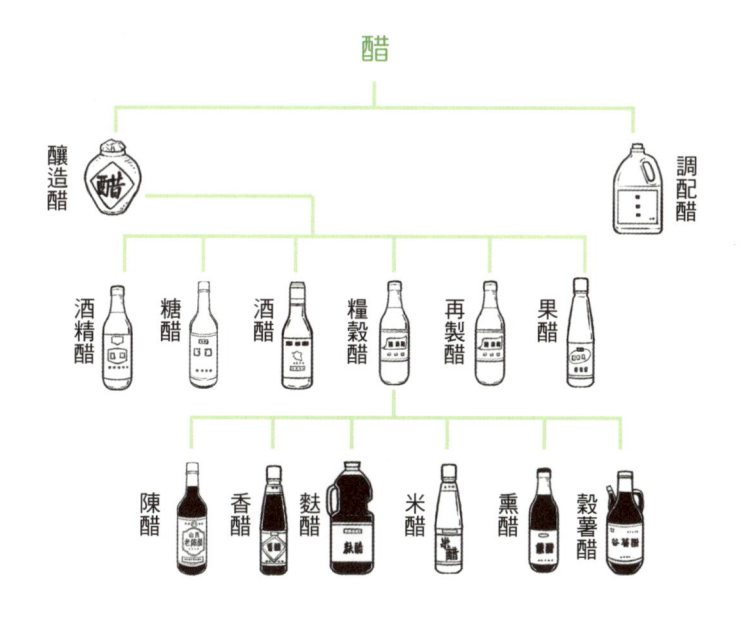

```
                          醋
        ┌──────────────────┴──────────────────┐
      釀造醋                                 調配醋
   ┌────┬────┬────┬────┬────┐
  酒精醋 糖醋 酒醋 糧穀醋 再製醋 果醋
              ┌────┬────┼────┬────┬────┐
             陳醋 香醋 麩醋 米醋 熏醋 穀薯醋
```

酸、苦、甘、辛、鹹，酸居五味之首；而柴、米、油、鹽、醬、醋、茶，開門七件事[3]也離不開醋。今天，我們就來了解一下醋的前世今生。

---

3 諺語。指古代中國平民百姓每天為生活而奔波的七件事，開門指開始家庭正常運作之時。

01. 杜康造酒，兒造醋

傳說中，有一個擅長釀酒的人，名叫杜康。喝過酒的人都很懷念他。杜康也成為酒的代名詞。

> 康康！我有很多心裡話不知對誰講。

曹操[4]

而杜康的兒子杜杼，也和他一樣，喜歡鑽研技術。

> 爸，我想跟你學釀酒。

---

4 曹操〈短歌行〉：「何以解憂？唯有杜康。」意思是，滿腹憂愁該如何消解？只能豪飲美酒了。

・沒有一棵青菜可以完整的走出四川・

有一天,杜康出遠門,杜杼獨自在家。

路上小心!

於是,杜杼就開始研究釀酒。

長江後浪推前浪,
一浪更比一浪強。
老爸,我要贏你!

· 第十章 釀醋一點都不難 ·

由於忘記時間，結果酒糟發酸……。

·沒有一棵青菜可以完整的走出四川·

> 這「酒」這麼酸,乾脆就叫醋吧!

　　這就是醋廣為流傳的起源,民間也因此流傳起了「杜康造酒,兒造醋」的傳說。

> 雖然只是傳說,但可以看出酒、醋同源,從字形上看,都離不開「酉」。

· 第十章　釀醋一點都不難 ·

在古代，醋就已經相當普及，很多古籍中都有記載：

子曰：「孰謂微生高直？
或乞醯焉，乞諸其鄰而與之。」
　　　　　　　——《論語·公冶長篇》

這是孔子對微生高的評價。事情是這樣的，有人向微生高借醋，他家裡沒有卻假裝有醋，並偷偷從後門跑去向鄰居借，再轉交。

不同地方的古人，對「醋」的叫法也各不同。

・沒有一棵青菜可以完整的走出四川・

周人：醯　　　關東[5]：酸

漢人：酢

最有意思的是，竟然還有人叫它「苦酒」。

---

5 戰國至唐代對函谷關及其依託的崤山以東地區的稱呼。

02. 麩醋是什麼？

麩醋選用小麥的表皮（即麩皮）為原料。麩皮碳水化合物和蛋白質含量比例協調，適合釀醋。

另外，麩皮表面積大、吸水性好、通氣優良，適合微生物生長。

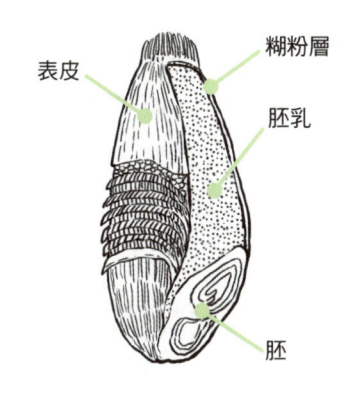

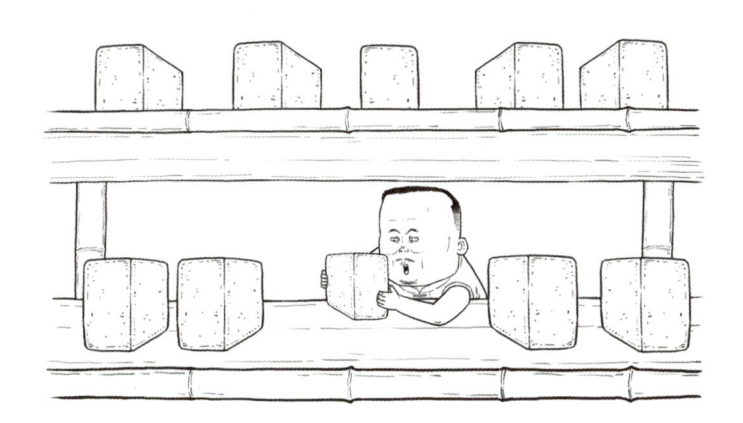

表皮　糊粉層　胚乳　胚

除了麩皮、麥芽、麵粉，麩醋的醋麴中還會加入中藥材。不只可以增強風味，還能提升保健價值。

怪不得隔壁鄰居常說吃醋對身體好！

製麴結束後，在蒸好的米飯中加入適當的麴藥、麩皮、回糟和水，然後充分拌勻。

· 第十章 釀醋一點都不難 ·

再裝入發酵缸,進行發酵。

總算可以休息了!

這裡重點提一下,醋酸發酵需要氧氣。如果完全密封,釀出來的就是酒了。

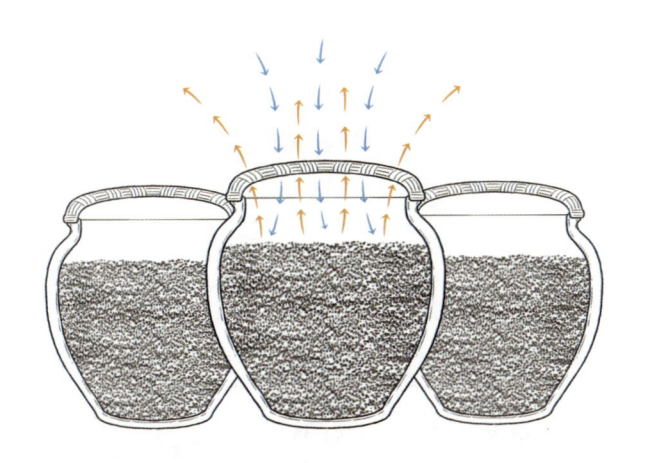

・沒有一棵青菜可以完整的走出四川・

外表雖然看起來平靜,但其實發酵缸裡的微生物早就按捺不住了。它們大概會經歷這幾個階段:

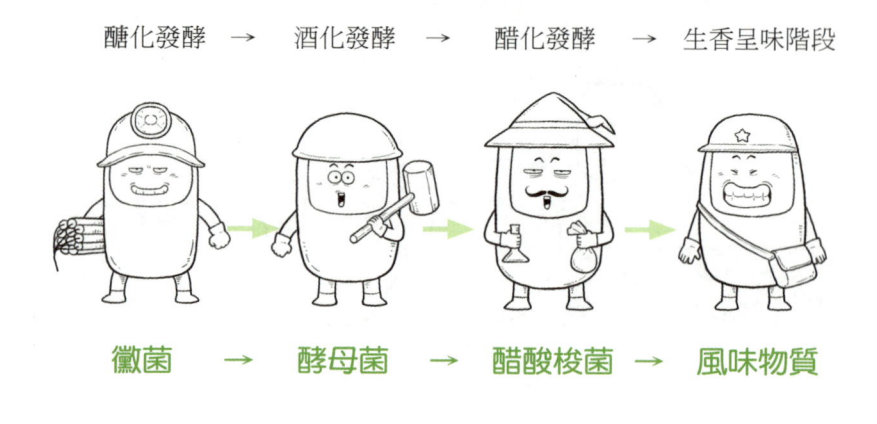

醣化發酵 → 酒化發酵 → 醋化發酵 → 生香呈味階段

黴菌 → 酵母菌 → 醋酸梭菌 → 風味物質

第一階段:醣化發酵

發酵初期,缸內的酸度和乙醇濃度很低,非常適合黴菌和酵母菌生長。

剛接了個大工程,要再增加人手。

· 第十章 釀醋一點都不難 ·

黴菌會分泌出大量澱粉酶、蛋白酶等。

我們來了!

有了酶的加入,澱粉就開始被分解成小分子的醣類。

· 沒有一棵青菜可以完整的走出四川 ·

第二階段：酒化發酵

接下來，工作就會交給酵母菌。

> 我的人生目標，就是把所有食物做成酒。

這個階段叫「酒化發酵」，它和醣化發酵是釀造的必經過程，也稱為「雙化發酵」。

> 我的糖全部都給你！

到了發酵後期，隨著乙醇含量逐漸升高，黴菌和酵母菌則被迫退出工作。

這時，釀醋主將——醋酸梭菌該上場了。

第三階段：醋化發酵

醋酸梭菌對乙醇和酸的耐受力較高，可以在乙醇的薰陶中正常工作。

在氧氣的加持下，醋酸梭菌迅速繁殖，一邊喝著酒，一邊把酒變成酸醋。

當發酵來到第 21 天時，酸度可達到 7% 左右。

> **小知識**
> 由於酸的積累，到了第 21 天到第 30 天，除了醋酸梭菌以外，大部分微生物都無法生存。

第四階段：生香呈味階段

乙醇開始分解後，醋酸梭菌也逐漸退出工作。

隨著醇類、醛類、酸類、酯類等各種風味物質不斷加入，酸醋開始進入生香呈味階段。

謝謝你的付出，後面的交給我！

慢工出細活，好醋急不得。

這個階段重點是「慢」，至少得花費 30 天，醋才能釀好。

正宗麩醋開罈啦！

此時的醋還是半固態、半液態，接下來就要提取。

・第十章　釀醋一點都不難・

為了確保醋的品質，要先經過人工調配，再進行熬製。

你以為熬醋只是蒸發水分嗎？其實大有玄機：

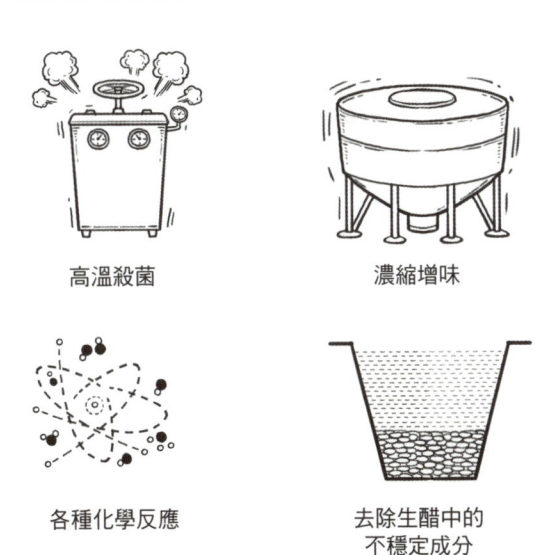

高溫殺菌

濃縮增味

各種化學反應

去除生醋中的不穩定成分

醋的總酸含量，是食醋的重要指標。

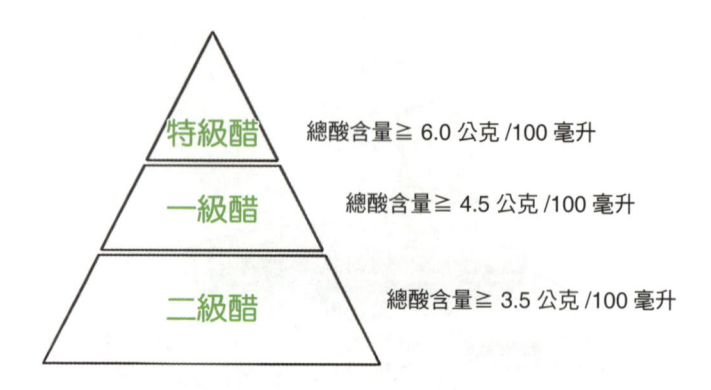

- 特級醋　總酸含量 ≧ 6.0 公克 /100 毫升
- 一級醋　總酸含量 ≧ 4.5 公克 /100 毫升
- 二級醋　總酸含量 ≧ 3.5 公克 /100 毫升

熬好的醋過濾後，再經過 3 個月到 12 個月，或者更長時間的陳釀，最後才進行包裝。

> 川南（四川南部）一帶的麩醋，堅持傳統陳釀工藝 —— 日晒發酵。

· 第十章　釀醋一點都不難 ·

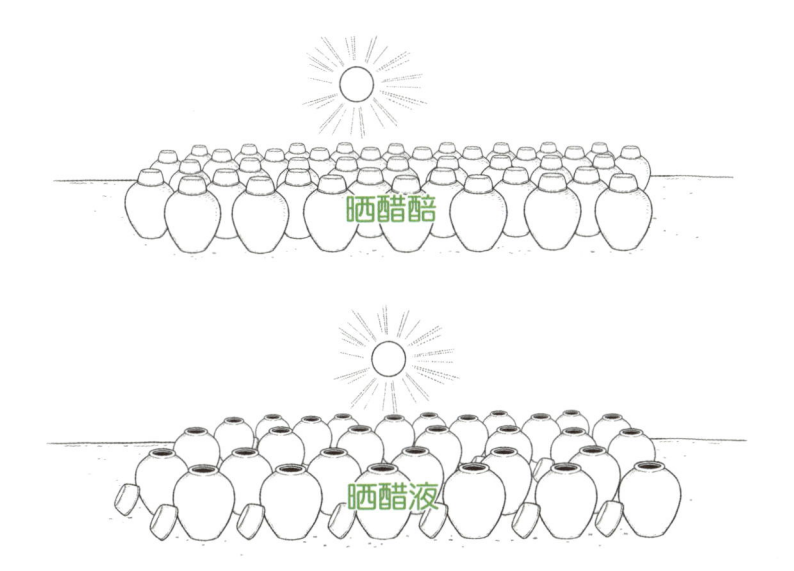

晒醋醅

晒醋液

　　透過長時間風吹日晒，更有利於醋內有機酸、糖分、胺基酸等風味物質的積累，以提高品質。最終達到色澤棕褐、醇香回甜、酸味柔和、濃稠和香氣濃郁的品質。

　　護國陳醋特有 108 味中草藥配製醋曲，歷經 36 道工序手工釀製而成。

老壇陳醋為中國四大名醋之一。

249

03. 關於醋的迷思

關於醋的功能，除了調味，坊間有很多傳說，比如：

1. 在室內燻醋能預防流感？

答案是，可以。這個方法早在唐代咎殷的《經效產寶》中就有記載。

「秤錘淬醋」

原理是利用醋中酸類和鹽類物質，破壞空氣中細菌和病毒的蛋白質及細胞膜，達到消毒作用。

・沒有一棵青菜可以完整的走出四川・

醋裡面的有效成分,對空氣中的細微顆粒具有吸附作用,可清新空氣。

但使用時要注意,劑量不要過大。

2. 用醋泡腳，能治療腳臭和香港腳嗎？

答案是，有一定的效果。香港腳是腳部感染致病性真菌引起，而真菌喜歡中性或偏鹼性的環境。

如果在酸性環境下，真菌的繁殖力會大打折扣，所以說用醋泡腳，可以在一定程度上治療腳臭及香港腳。

· 沒有一棵青菜可以完整的走出四川 ·

3. 喝醋能減肥？

很遺憾的，並不能。以前曾經很流行喝醋減肥。

> 你只要每天持續喝，就能輕鬆減重到45公斤。

醋，可以抑制脂肪堆積，但遠達不到減肥的效果。

> 如果要說喝醋能減肥，只可能是因為喝得太飽了，吃不下其他東西，或是以醋豆取代了平常的高熱量零食。
> 這種減重法不僅無法持久，還容易造成營養失衡。

此外，很多含醋的飲品中，會加入大量的糖提升口感。這樣一來，攝入的熱量反而更高。

· 第十章　釀醋一點都不難 ·

第十一章

都是醬油，生抽、老抽差在哪？

應該很多人都有這樣的疑惑：

什麼是頭抽？ 什麼是老抽？ 什麼是生抽？

明明都是醬油，跟「抽」有什麼關係？要是想搞懂這些，就先來了解醬油是怎麼釀出來的。

1. 低鹽固態工藝

· 第十一章　都是醬油，生抽、老抽差在哪？·

2. 低鹽澆淋工藝

3. 高鹽稀態工藝

這些工藝，有什麼區別？

首先是低鹽固態工藝，流程大致如下圖：

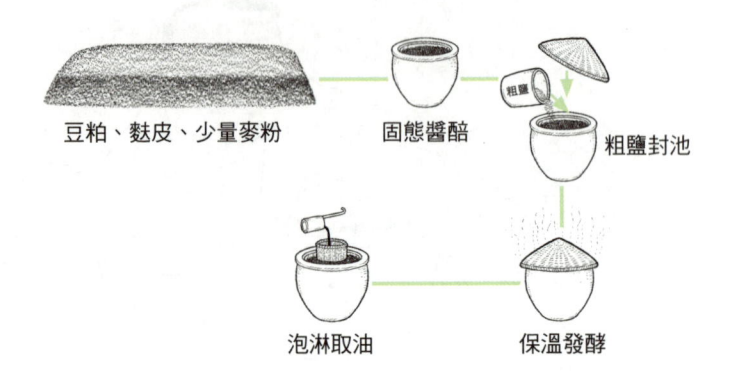

豆粕、麩皮、少量麥粉　　固態醬醅　　粗鹽封池

泡淋取油　　保溫發酵

再來是低鹽澆淋工藝，這是在低鹽固態工藝基礎上的改良，即小麥粉比例增加、添加紅麴等，發酵週期一般控制在 20 天左右。

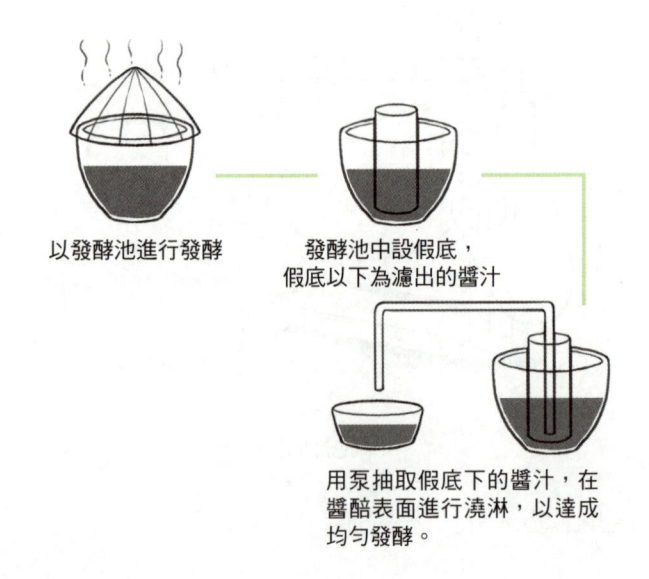

以發酵池進行發酵　　發酵池中設假底，假底以下為濾出的醬汁

用泵抽取假底下的醬汁，在醬醅表面進行澆淋，以達成均勻發酵。

· 第十一章 都是醬油，生抽、老抽差在哪？·

最後是高鹽稀態工藝：

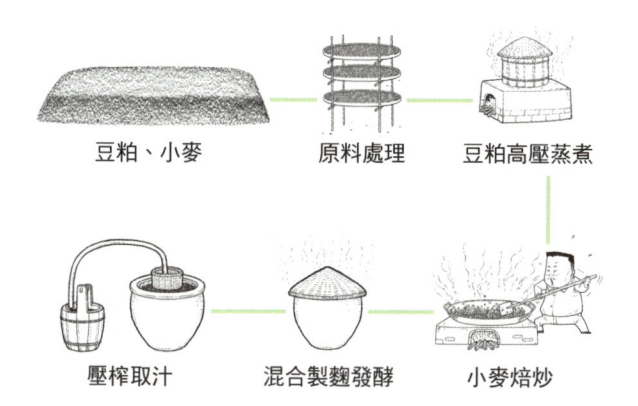

豆粕、小麥 → 原料處理 → 豆粕高壓蒸煮

壓榨取汁 ← 混合製麴發酵 ← 小麥焙炒

> 至於頭抽、老抽、生抽，都是這些工藝底下的小分類。現在就來聊聊你吃過的醬油吧！

・第十一章　都是醬油，生抽、老抽差在哪？・

01. 好醬油需要時間醞釀

醬油釀好後，是半固態、半液態的混合體。要取出原汁，就要讓它「固液分離」，現代人則採用壓榨的方式。

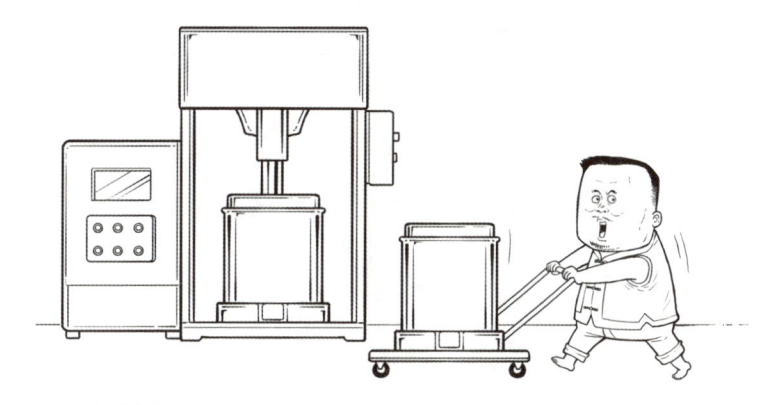

一桶醬放進去，壓一壓油就流出來了。

正宗純手工釀造。

263

· 沒有一棵青菜可以完整的走出四川 ·

頭抽是提取的第一道工序，有些地方會稱它為頭油、頭淋、頭漂等。頭抽的產量有限，但鮮味物質最豐富，所以價格相對也比較貴一點。

> 要不然，怎麼會說「物以稀為貴」呢？

頭抽取完後，再往醬醅中加入鹽水。經過二次晒製後再抽取，就是第二道油。

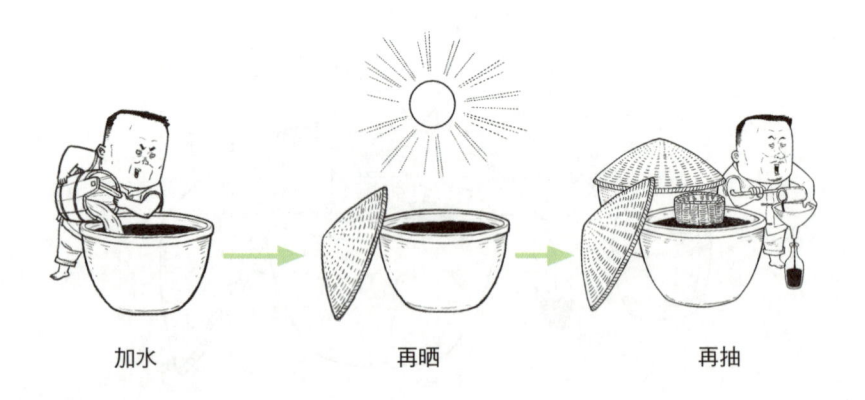

加水 → 再晒 → 再抽

· 第十一章　都是醬油，生抽、老抽差在哪？·

　　以此類推，還有第三道、第四道油。經過多輪抽取，直到全部提取完。

　　生抽，就是將頭幾次提取的醬油放在一起，像白酒一樣，進行勾兌與調味。

・沒有一棵青菜可以完整的走出四川・

頭抽比例越高，鮮味物質就越豐富，味道也更鮮美。

比如，中國的護國味業 6 月純釀頭鮮特級生抽醬油，胺基態氮含量 ≥1.0 公克 /100 毫升。

而傳統的老抽，則是將生抽放回原本的醬醪中，經反覆曬製而成。

· 第十一章　都是醬油，生抽、老抽差在哪？·

老抽的醇厚度更高，上色更明顯。

生抽　　　　　　老抽

但現在市面上的老抽，很多都是直接在醬油中添加焦糖而來。

生抽變老抽，我一步到位！

紅燒醬油是老抽的一種，專為紅燒菜而釀製。
和一般老抽相比，味道更鹹、香甜味也更勝一籌。

· 沒有一棵青菜可以完整的走出四川 ·

> 既能提鮮，又能上色，一步到位！

紅燒醬油

有種醬油叫味極鮮醬油，屬於生抽類醬油，只是添加了不同的食品添加劑，口感更加鮮美。

味精

·第十一章　都是醬油，生抽、老抽差在哪？·

而海鮮醬油，一聽名字就知道裡面肯定少不了海鮮。傳統的海鮮醬油是用蝦和魚發酵而成。

海鮮

至於蒸魚豉油，其實也是醬油。真正的蒸魚豉油是經釀製而成，但現在有些則是在醬油裡添加高果糖糖漿或酵母提取物得來。

還想要什麼？
應有盡有！

醬油的鮮味和營養價值，取決於胺基態氮的含量[1]。

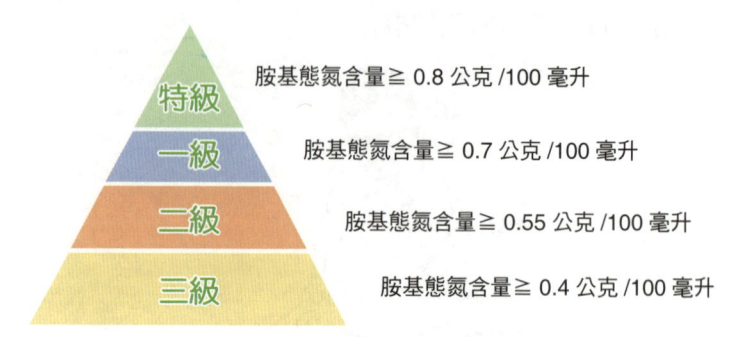

特級	胺基態氮含量 ≥ 0.8 公克/100 毫升
一級	胺基態氮含量 ≥ 0.7 公克/100 毫升
二級	胺基態氮含量 ≥ 0.55 公克/100 毫升
三級	胺基態氮含量 ≥ 0.4 公克/100 毫升

一般而言，胺基態氮含量越高，醬油越鮮、品質越好。但事實上透過添加味精，也能提高胺基態氮含量。

◆原料：水、非基改黃豆、小麥、食用鹽、味精
◆胺基態氮：大於或等於1.2 公克/100毫升
◆品質等級：特級

---

[1] 在臺灣，根據每 100 毫升中的總氮量、胺基態氮含量及總固形物可分為三種等級。甲級為總氮量 1.4g 以上、胺基態氮 0.56g 以上、總固形物 13g 以上；乙級為總氮量 1.1g 以上、胺基態氮 0.44g 以上、總固形物 10g 以上；總氮量 0.8g 以上、胺基態氮 0.32g 以上、總固形物 7g 以上。

· 第十一章 都是醬油，生抽、老抽差在哪？·

> 有沒有搞錯，居然可以這樣！

所以，判斷醬油好壞，還得看它釀造的時長。

> 每一顆大豆都要晒滿 6 個月！

・沒有一棵青菜可以完整的走出四川・

而傳統老字號醬油，釀造時間通常更長。

> 讓每一滴醬油都自然天成。

護國味業

> 釀造時間長短，真的會差這麼多嗎？

> 是啊！經過長時間陳釀，總胺基酸會增加，而且尤其是其中的鮮味、甜味胺基酸，而苦味胺基酸會減少，影響風味。

· 第十一章　都是醬油，生抽、老抽差在哪？·

經長時間釀造，即使不加糖或甜味劑，醬油也能自然回甘，且質地濃稠，不加高果糖糖漿也能掛杯（按：搖晃杯子後，液體在杯壁上留下痕跡）。使用時，只加一點就很香。

發酵中醬油內游離胺基酸組成分析

單位：公克／分升（g/dL）

類別	胺基酸	發酵時長						
		1 個月	3 個月	5 個月	7 個月	10 個月	12 個月
鮮味類	天門冬胺酸	0.41	0.46	0.5	0.58	0.64	0.66
	麩胺酸	0.91	1.07	0.89	0.9	0.98	0.93
苦味類	甲硫胺酸	0.20	0.20	0.19	0.20	0.19	0.19
	苯丙胺酸	0.41	0.4	0.39	0.39	0.39	0.39

這也是為什麼釀造時間較長的醬油，成分表可以這麼簡單，只有水、黃豆、小麥、食用鹽而已。

規格說明

- 品名：豆油伯金美滿無添加糖釀造醬油
- 容量／淨重：300ml
- 內容物：水、台灣非基因改造黃豆、台灣小麥、天然鹽、酵母萃取物※本產品含有大豆、小麥
- 食品添加物名稱：無

※本品為原豆發酵製成，故含有天然油脂浮於液面，瓶身若有沉澱痕跡屬自然現象，品質不變請安心使用

- 營養標示：每份(10毫升)營養成份：(本包裝含30份)
熱量7大卡、蛋白質1.1公克、脂肪0公克、飽和脂肪0公克、反式脂肪0公克、碳水化合物0.7公克、糖0.4公克、膳食纖維0.1公克、鈉493毫克

- 保存期限：2年。詳細請參照包裝上所標示
- 保存方式：未開封放置陰涼處、開封需冷藏。

資料來源：豆油伯官方網站。

02. 米麴黴，醍醐味的源頭

醬油的原料很簡單。最一開始只用大豆，後來人們發現小麥中的碳水化合物，能使醬油變得更香甜。

如何把它們發酵成醬油？全得仰賴米麴黴。

・沒有一棵青菜可以完整的走出四川・

　　阿黴不只心地善良,還多才多藝。除了會釀醬油,還會釀造味噌、黃酒和清酒。

這又不難,
只是舉手之勞。

味噌　黃酒　清酒

　　想知道阿黴如何釀造醬油嗎?我們先來講一個簡單的愛情故事:

　　首先,作為主要原料,大豆要在水裡浸泡一段時間。

・第十一章　都是醬油，生抽、老抽差在哪？・

然後再蒸熟備用。

同時將小麥擠壓粉碎，粉碎度控制在 30% 到 35%。

> 有時候會看到醬油成分表上寫「脫脂大豆」，什麼是脫脂？對醬油有什麼影響？

· 沒有一棵青菜可以完整的走出四川 ·

首先，脫脂大豆是由大豆經壓榨得來。

大豆油，都聽說過吧！

大豆經過壓榨，除了油以外，還會產出脫脂大豆。

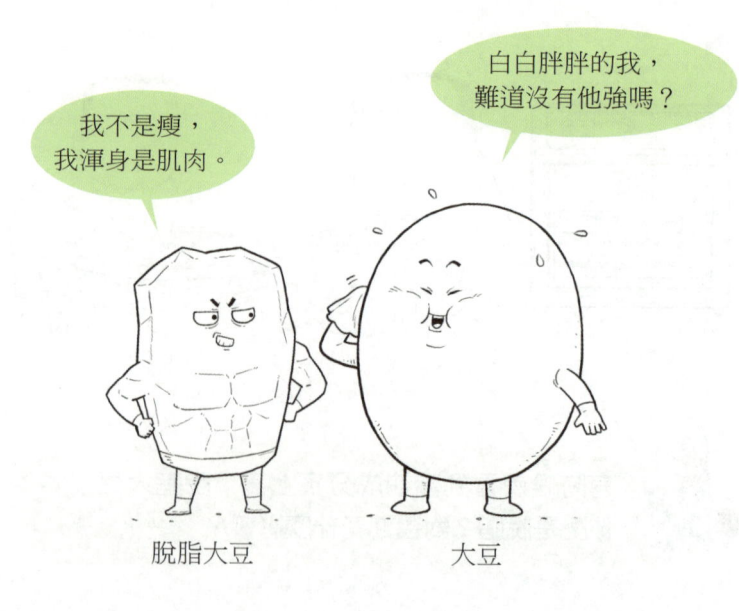

我不是瘦，我渾身是肌肉。

白白胖胖的我，難道沒有他強嗎？

脫脂大豆　　　大豆

第十一章 都是醬油，生抽、老抽差在哪？

有人說，脫脂大豆就是豆粕，是豬飼料的來源，其實不是這樣。實際上，脫脂大豆可分為食品級和飼料級。

食品級脫脂大豆

飼料級脫脂大豆

當大豆和小麥粉混合後，就該主角米麴黴上場了。

我來了！

米麴黴

相較於大豆，由於去除了油脂，同等重量的脫脂大豆，蛋白質占比更高，而阿黴剛好很喜歡蛋白質。

我不喜歡油膩，我只喜歡你。

米麴黴　　　　　脫脂大豆

有了蛋白質的加持，阿黴就開始快速繁殖。

人多力量大！

· 第十一章　都是醬油，生抽、老抽差在哪？ ·

阿黴們在生長過程中，會代謝出蛋白酶和澱粉酶。

蛋白酶會將大豆蛋白質分解成肽和胺基酸，澱粉酶則將小麥的澱粉分解成醣類。

> 吃飽喝足，努力工作！

發酵一段時間後，阿黴還會找幾個小幫手，像是：

> 你們來啦！

米麴黴　　乳酸菌　　酵母菌

> **小知識**
> 在發酵過程中添加增香酵母和酒精酵母（T 酵母和 S 酵母），可以增加醬油的香氣和防腐能力，控制乳酸發酵，以免醬油酸敗。

透過發酵，乳酸菌和酵母菌分別產生乳酸和乙醇，增加醬油的香味。

經過製麴、拌鹽水和發酵等一系列操作，醬油就釀得差不多了。

・第十一章　都是醬油，生抽、老抽差在哪？・

只剩下瀝出醬油原汁了吧？

你以為這樣就結束了？不，還沒完！

為了提高醬油的防腐能力、延長銷售期，最後還得經過高溫滅菌，並加入食鹽。

高溫滅菌　　　　　　　　加鹽

到了這一步，才算是完成。

第十二章

韓國辛奇對上四川泡菜,誰才是王?

・沒有一棵青菜可以完整的走出四川・

一講到泡菜,大家都會想到韓國泡菜,也就是所謂的辛奇（kimchi）。

> 今天我作東,請你吃泡菜。

> 我要開動了。

跟著「韓流」,韓國泡菜也快速的出盡風頭。

> 我也有被人惦記的一天!

第十二章　韓國辛奇對上四川泡菜，誰才是王？

所謂韓國泡菜，就是將各種佐料粉碎，揉搓在白菜上，進行醃漬發酵的食品。

> 一掰、二洗、三抹勻，記住了沒？

> 泡菜我已經做幾十年了，這個我比妳懂。

韓國製作泡菜的目的在於季節性儲存，這和中國北方的醃菜、醬菜一樣。

小知識

泡菜，顧名思義，是用液體浸泡製成的菜，講求在液體內浸泡、醃漬並發酵。但是韓國泡菜不需要用液體浸泡，準確來講，屬於醃菜類。

・沒有一棵青菜可以完整的走出四川・

而四川泡菜一般都是泡在裝有鹽水的泡菜罈裡，其中會加入少量辛香料。

這不僅能保持蔬菜的原有色彩，口感上也更加爽脆。

別說是泡菜魚，就算只有泡菜，我都能吃兩碗飯！

・第十二章 韓國辛奇對上四川泡菜，誰才是王？・

根據發酵時間長短，四川泡菜又可以再分為普通泡菜和洗澡泡菜。

來泡澡啊！

看我的白氏跳法！

普通泡菜
一般需泡數天到 1 個月。

洗澡泡菜
又名跳水泡菜。只需泡製短時間，將蔬菜泡到斷生（按：食物經過烹飪剛好達到成熟的程度，大約是俗稱的八分熟），就好比洗澡。

小知識

在四川，還有一種不加鹽的酸菜，就是川北酸菜（漿水菜）。

製作上，四川泡菜比韓國泡菜更加簡單、便捷。

289

・沒有一棵青菜可以完整的走出四川・

四川泡菜

1. 把泡菜罈洗乾淨。

2. 擦乾水分後放置一邊。

3. 把蔬菜洗乾淨。

4. 加水。

5. 加入調味料（白酒、薑、鹽、朝天椒、花椒、糖），並燒開後靜置放涼。

6. 把蔬菜放入泡菜罈。

7. 倒入放涼的醃汁。

8. 浸泡若干天後，即可食用。

· 第十二章　韓國辛奇對上四川泡菜，誰才是王？ ·

韓國泡菜

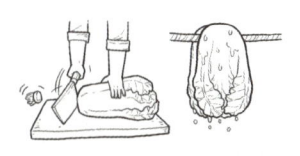

1. 切除白菜的根和老葉後，用清水洗淨、瀝乾水分。

2. 用刀將白菜切成 4 瓣。放入盆內，並撒上鹽，醃 4 小時到 5 小時。

3. 將白蘿蔔去根、去皮，並切成薄片，用鹽醃漬。

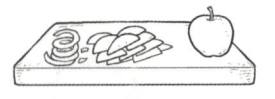

4. 蘋果去皮，切成片。

5. 將蔥切碎、蒜搗成泥。

6. 將醃漬好的白菜、蘿蔔瀝去鹽水，每層塗抹蔥、蒜、辣椒粉等調味料，裝入罐內。

7. 把蘋果、梨子、牛肉湯等佐料混在一起，淋在白菜上。滷汁要淹沒白菜，上面用乾淨重物壓緊，使菜下沉。

8. 根據季節不同，夏季一般靜置1 天至 2 天，冬季為 3 天至 4 天，即可取出食用。

· 沒有一棵青菜可以完整的走出四川 ·

除了製作方法，四川泡菜和韓國泡菜在其他方面也有所區別。比如在原料選擇上，四川泡菜的食材可以有很多種，而韓國泡菜選擇就比較單一。

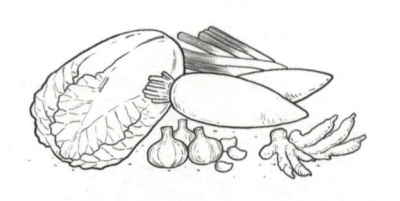

四川泡菜，萬物皆可泡。

四川泡菜
（白菜、蘿蔔、嫩薑、大蒜等）

韓國泡菜
（只有白菜和蘿蔔）

· 第十二章　韓國辛奇對上四川泡菜，誰才是王？·

再者，四川泡菜主打菜的風味，而韓國泡菜突出的是醬料的味道。

另外，四川泡菜利用乳酸菌密封發酵，不僅鹽分含量低，營養物質流失也少；韓國泡菜由於是醃漬，而且不密封發酵，產生的無機鹽含量高。

最後，在發酵時長方面，一般來說四川泡菜泡製的時間較長。

四川泡菜
一般為數天到 1 年不等

韓國泡菜
若干天

這樣比較之後，很清楚吧？其實四川泡菜和韓國泡菜的差別就這麼簡單，二者唯一的相同之處，就是都需要發酵。

透過發酵，泡菜相比於其他蔬菜，有著自己獨特的色香味和口感。為什麼？

表面上，蔬菜在裝入容器後，工作就已經結束。但實際上，裡面的微生物才正要開始工作。

・第十二章　韓國辛奇對上四川泡菜，誰才是王？・

有哪些微生物？

乳酸菌　　　黴菌　　　酵母菌

小知識

泡菜上的乳酸菌數量最多，其次是酵母菌，而黴菌的數量很少。

乳酸菌通常來自原料本身，在厭氧環境下占有優勢，並在酶的催化作用下產生乳酸。

我們在這裡！

小知識

有了原料乳酸菌，製作泡菜時不用額外加入乳酸菌。

乳酸發酵通常分成三個階段：

微酸 ⟶ 酸化 ⟶ 過酸

第十二章　韓國辛奇對上四川泡菜，誰才是王？

一、微酸階段（發酵初期）

乳酸菌與其他微生物共生，但在厭氧環境下，乳酸菌逐漸占優勢地位，開始產酸。

老闆，能再多找點人嗎？

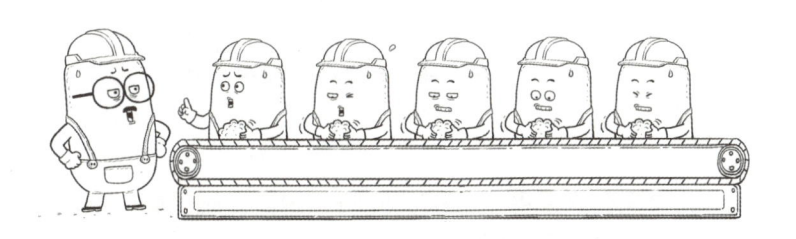

小知識

酵母菌在缺氧環境中，會發酵生成乙醇，給予泡菜香味。

二、酸化階段（發酵中期）

到這個階段，乳酸菌變成了優勢菌種，使得罈內環境迅速酸化。

· 沒有一棵青菜可以完整的走出四川 ·

我們繼續努力！

小知識

乳酸菌在大量產生乳酸的同時，也會抑制喜歡中性和鹼性環境的腐敗細菌。

三、過酸階段（發酵後期）

最後這個階段，罈內微生物（包括乳酸菌）會逐漸進入休眠期。

下班收工！

・第十二章　韓國辛奇對上四川泡菜，誰才是王？・

眼看泡菜就快要完成，但是你有發現嗎？有時候會遇到這種情況：泡菜生花了！

泡菜生花

什麼是泡菜生花？

這個「花」也是一種菌群，一般認為是由黴類、假絲酵母等雜菌組成。出現這情況，就代表雜菌生長戰勝了乳酸菌。

· 沒有一棵青菜可以完整的走出四川 ·

泡菜生花，通常是因為以下這幾方面：

泡菜罈沒洗乾淨

食材露出水面

沾到了油

密封性不好

想去除生花、抑制雜菌，根據嚴重程度，處理方法不同。若是輕微的生花可以加點高度白酒，但一定得是糧食酒。

高度白酒

・第十二章　韓國辛奇對上四川泡菜，誰才是王？・

稍微嚴重一點的生花，要先將白色黴菌舀出來，再用乾淨的水換掉原來的酸水。

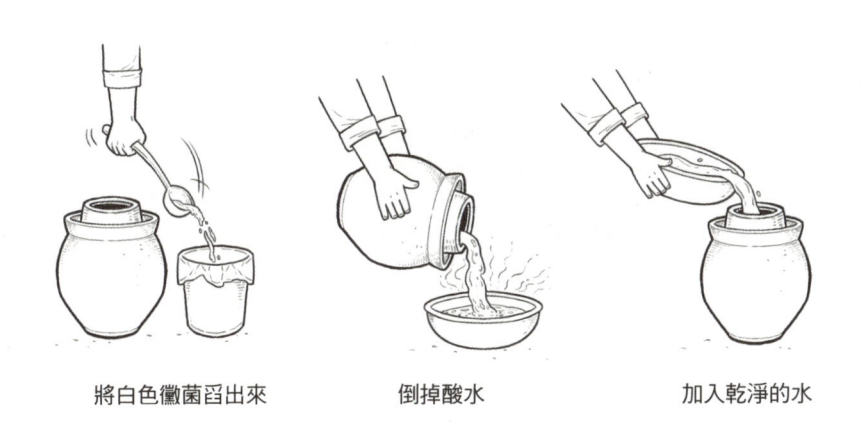

| 將白色黴菌舀出來 | 倒掉酸水 | 加入乾淨的水 |

最後，加入食鹽和高度白酒，以及幾片晾晒生薑。

完成！

若生出白黴的範圍過大，且罈內酸水渾濁、食材染上白色斑點，甚至發黑、發軟，這種泡菜就無法補救，只能果斷放棄。

> 全都不要了！

在四川，無論城市還是農村、家常菜或是餐廳宴席，無論什麼季節，都離不開泡菜。

泡薑

泡菜魚

・第十二章　韓國辛奇對上四川泡菜，誰才是王？・

> **延伸閱讀**
> 泡菜古稱菹（音同「居」）。
> 《詩經・小雅・信南山》中說：「中田有廬，疆場有瓜，是剝是菹，獻之皇祖。」
> 文中的「剝」和「菹」，是蔬菜加鹽泡漬的意思。

到了宋朝時，北宋大文豪蘇東坡，便再一次將四川泡菜發揚光大。

這是在吃什麼？

「三白」飯。

· 沒有一棵青菜可以完整的走出四川 ·

何謂「三白」?

一碗白飯、一碟鹽、一碗白蘿蔔。

經後人考證,那碗白蘿蔔就是泡菜。

第十三章

沒有一棵青菜
可以完整的走出四川！

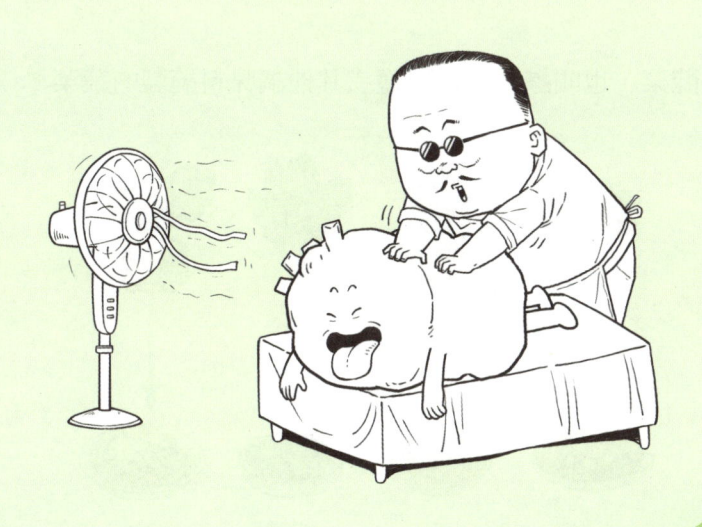

· 沒有一棵青菜可以完整的走出四川 ·

俗話說：「小雪醃菜，大雪醃肉。」意思是，不同時候醃不同的菜。

雖然不怎麼樣，但總比沒有好。

醃菜，也叫鹹菜，是用鹽或其他調味料醃製的蔬菜。

冬菜[1]　　大頭菜　　芽菜[2]　　榨菜

---
1 冬菜是中國傳統醃菜之一的名稱，主要以大白菜為原料。
2 此指四川特色醃菜，以葉用芥菜剖絲製成。榨菜則是用莖用芥菜製成。

・第十三章　沒有一棵青菜可以完整的走出四川！・

　　南充冬菜、內江大頭菜、宜賓芽菜和涪陵榨菜，被稱為四川四大醃菜。

小知識

> 除此之外，涪陵榨菜還和歐洲酸黃瓜、德國甜酸甘藍，合稱「世界三大醃菜」。

涪陵榨菜　　歐洲酸黃瓜　　德國甜酸甘藍

　　製作醃菜看起來不複雜，實際做起來才知道，是真的很簡單。怎麼做？讓我們繼續看下去。

· 第十三章　沒有一棵青菜可以完整的走出四川！·

01. 青菜蛻變的過程

首先，一樣要把青菜洗乾淨、切除不必要的部分。

先洗個澡，
去掉泥土。

再剃個頭。

第二步則是晾晒。

經過晾晒，在酶的作用下，青菜細胞內的大分子物質會被水解成小分子，而細胞壁不僅沒有被破壞，還變得更 Q 彈。另一方面，少了水分會讓酶的活性減弱，延長保存期限。

· 第十三章　沒有一棵青菜可以完整的走出四川！·

第三步是揉搓。

力度、手法如何？

在這一步，力道和水分的拿捏都很重要。

力道過輕

水分含量多，會變得酸味過重，缺乏爽脆和有韌性的口感。

力道過重

水分含量少，會變得乾燥難嚼，也容易產生黴變。

· 沒有一棵青菜可以完整的走出四川 ·

為保留醃菜的口感和營養價值，得經過多次揉搓。

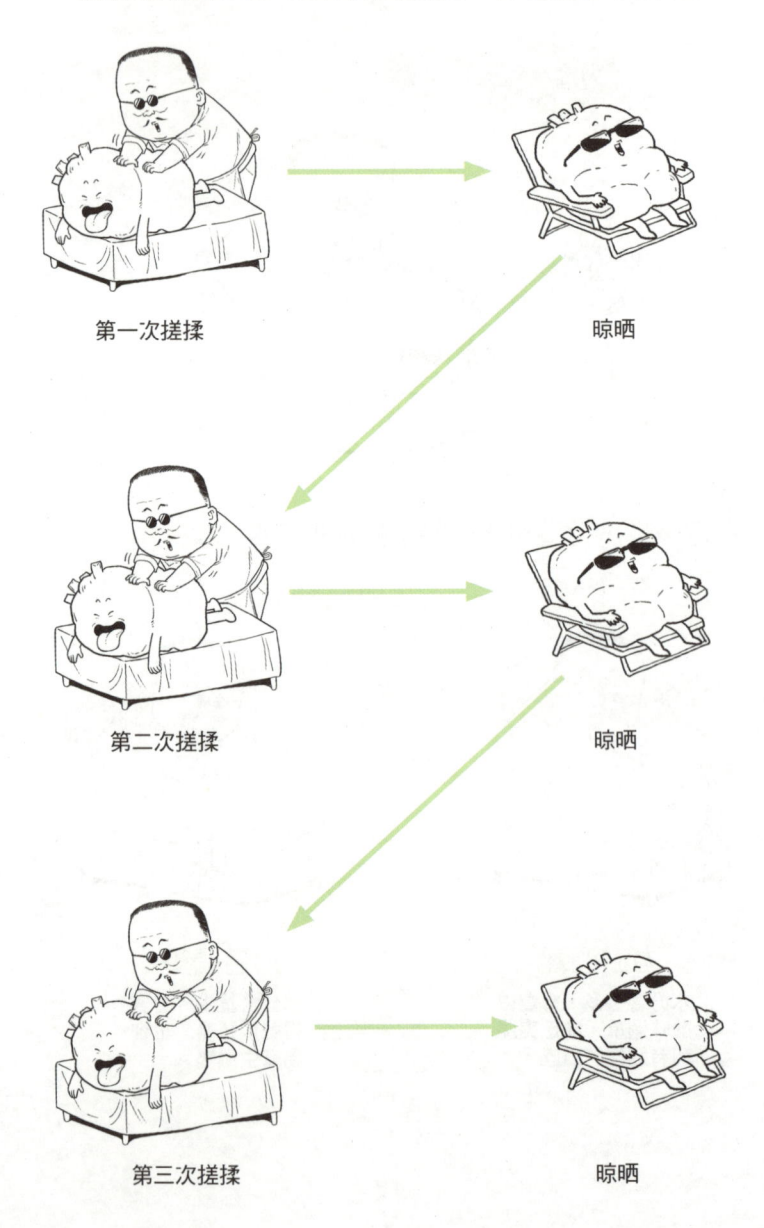

第一次搓揉　　　　　　　　　　晾晒

第二次搓揉　　　　　　　　　　晾晒

第三次搓揉　　　　　　　　　　晾晒

・第十三章　沒有一棵青菜可以完整的走出四川！・

第四步則是在經歷搓揉、晾晒後的菜裡拌入調味料。

我要開始下料啦！

最後，將拌好調味料的菜裝入罎中，密封發酵。

· 沒有一棵青菜可以完整的走出四川 ·

小知識

> 在發酵初期，蔬菜自身細胞中的好氧細菌，比如大腸桿菌，會被釋放出來，能將硝酸鹽還原為亞硝酸鹽。

氮肥 ⟶ 硝酸鹽 —細菌→ 亞硝酸鹽

> 這就是亞硝酸鹽的來源。
> 但如果完全不看劑量，
> 光談毒性，就只是在胡說八道。
> 亞硝酸鹽並沒有這麼可怕，
> 亞硝酸鹽含量其實與
> 其「成熟度」掛鉤。

到了發酵後期，罈內氧氣幾乎消失殆盡，這時乳酸菌占據主導地位，發酵環境迅速酸化，好氧細菌也就無法生存了。

・第十三章 沒有一棵青菜可以完整的走出四川！

少了好氧細菌「從中作梗」，亞硝酸鹽含量一下子就降下來了。

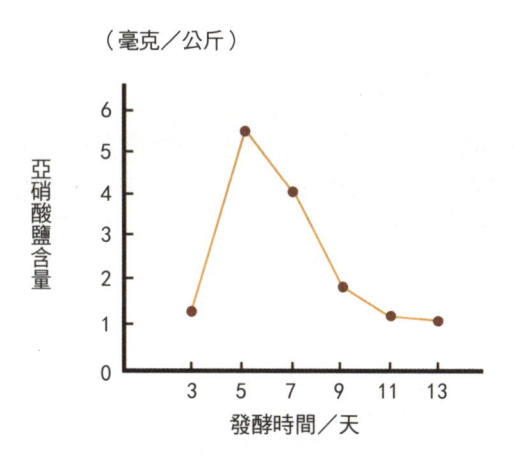

・沒有一棵青菜可以完整的走出四川・

小知識

中國國家強制標準中規定：肉製品中亞硝酸鹽的含量不得超過 30 毫克／公斤，醬醃菜中的含量應小於等於 20 毫克／公斤[3]。

肉製品：不得超過
30毫克／公斤

醬醃菜：小於等於
20毫克／公斤

總而言之，適量食用醃菜不會危害健康。密封是關鍵，保存得當可存放一年到兩年不變質。

---

[3] 根據衛生福利部食品藥物管理署的食藥闢謠專區，亞硝酸鹽為目前核准的第五類食品添加物。使用上，用量以二氧化氮殘留量計為 0.07g/kg 以下。

· 第十三章　沒有一棵青菜可以完整的走出四川！·

02. 發酵三步驟，青菜變醃菜

蔬菜怎麼變醃菜？其實就是發酵三步驟：

乳酸發酵　→　酒精發酵　→　醋酸發酵

具體每一步都做了什麼？這個故事可以這樣講：

一、乳酸發酵

蔬菜在經過不斷揉搓和食鹽滲透後，細胞壁會逐漸被打開，乳酸菌就會入侵細胞內部。

・沒有一棵青菜可以完整的走出四川・

我是小乳,
你新來的鄰居!

在乳酸菌的滲透下,蔬菜逐漸開始發酵。

我們一起研究吧!

這樣就產生了乳酸。

$$C_6H_{12}O_6 \longrightarrow 2\ CH_3CH(OH)COOH$$

　　葡萄糖　　　　　　　乳酸

小知識

由於前期發酵時微生物種類和空氣較多，以異型乳酸菌發酵為主，發酵後期則以同型乳酸發酵為主。

二、酒精發酵

　　發酵過程中，蔬菜表面的酵母菌同樣沒閒著。經過一系列複雜的工作後，會產出乙醇。

釀酒，我們很專業！

乙醇就是這樣產生的。

$$CH_3COCOOH \xrightarrow{\text{脫羧酶}} CH_3CHO + CO_2 \uparrow$$
丙酮酸　　　　　　　　乙醛　　　二氧化碳

$$CH_3CHO + 2[H] \longrightarrow CH_3CH_2OH$$
乙醛　　氫　　　　　　乙醇

小知識

> 酒精發酵除了生成乙醇以外，還會生成異丁醇、異戊醇及甘油等。

在後熟過程中，乙醇會進一步產生酯化反應，進而產出帶有香氣的酯類化合物，如乳酸乙酯。

$$CH_3CH(OH)COOH + CH_3CH_2OH \xrightarrow{\text{酯化酶}}$$
乳酸　　　　　　　乙醇

$$CH_3CH(OH)COOC_2H_5$$
乳酸乙酯

三、醋酸發酵

最後,在醋酸菌的作用下,乙醇會氧化變成醋酸。

$$CH_3CH_2OH + O_2 \longrightarrow CH_3COOH + H_2O$$
　　乙醇　　　　　　　　醋酸

> 有的學者則認為,醋酸生成是乳酸桿菌作用於戊醣的結果。如下化學式:
> $$C_5H_{10}O_5 \longrightarrow CH_3CH(OH)COOH + CH_3COOH$$
> 　戊醣　　　　　　乳酸　　　　　　醋酸

不管如何,青菜就這樣變成了醃菜。

那麼,問題也來了:好好的青菜,怎麼就變黃了?別著急,我們先來看看青菜內部發生了什麼。

03. 醃菜的色香味

簡單來說，有些青菜在某種醃製方式下會變黃，主要是因為酶和鎂離子在作用。

具體是如何反應？就要先提到青菜原始的色素。起初，青菜的顏色由 4 種色素組成。

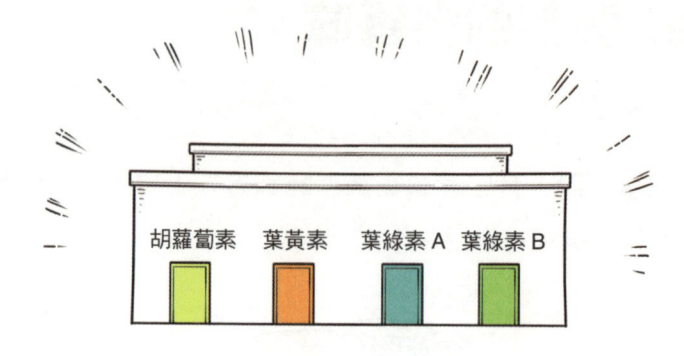

・沒有一棵青菜可以完整的走出四川・

胡蘿蔔素　葉黃素　葉綠素 A　葉綠素 B

經過高溫晾晒後,葉綠素中的鎂離子在酶的誘惑下失去自我。

小朋友,要不要吃糖?

鎂離子

酶

小鎂哪能抵擋這樣的誘惑?
最後就形成褐色的去鎂葉綠素。

·第十三章 沒有一棵青菜可以完整的走出四川！·

我現在叫做「去鎂葉綠素」！

葉黃素　　葉綠素 A　　葉綠素 B

鎂離子

而去鎂葉綠素再與銅離子結合，形成銅代葉綠素。

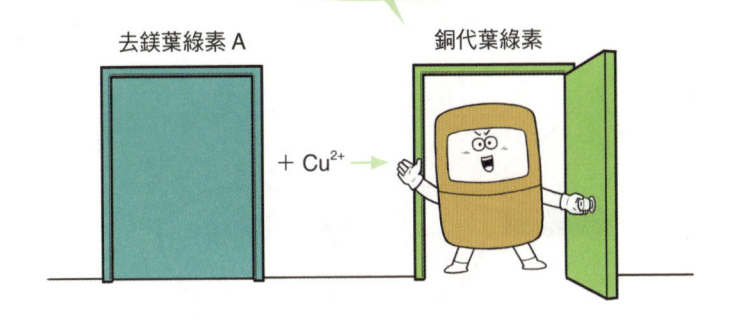

大家好！
我是「銅代葉綠素」。

去鎂葉綠素 A　　銅代葉綠素

+ Cu^{2+}

葉綠素流失了，但是因為胡蘿蔔素和葉黃素不變，所以青菜才變黃。

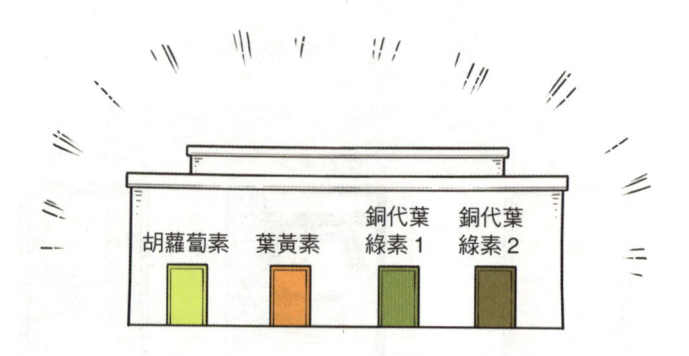

· 沒有一棵青菜可以完整的走出四川 ·

胡蘿蔔素　葉黃素　銅代葉綠素1　銅代葉綠素2

小知識

除此之外，葉子變黃也與褐變反應和對佐料色素的吸附有關聯。

汆水的作用就是滅酶，避免鎂離子流失，進而保持蔬菜的翠綠色！

· 第十三章　沒有一棵青菜可以完整的走出四川！·

　　至於香氣，醃菜的香氣很豐富。除了從佐料中吸附的各種香氣，還會在發酵中產生各類複合香味物質。

　　總體而言，有這幾方面：

1. 酯化反應：

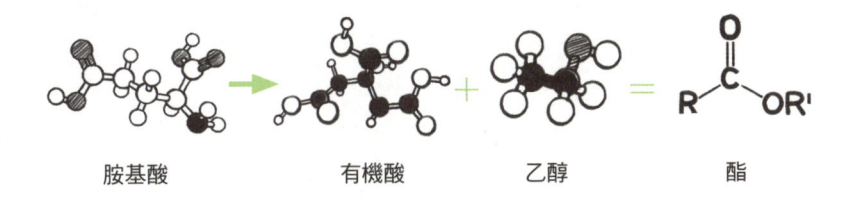

胺基酸　　　　　有機酸　　　　乙醇　　　　　酯

2. 胺基酸物質的生成：

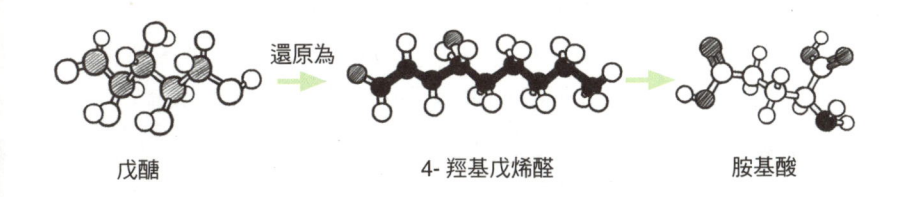

戊醣　　　還原為　　4-羥基戊烯醛　　　　胺基酸

3. 丁二酮，又稱雙乙醯（乳酸發酵製品的主要芳香來源）：

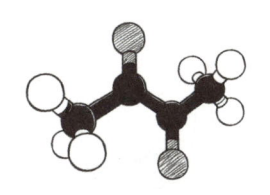

4. 芥菜類香氣：

最後是味。經過發酵的醃菜，味道更加豐富。鮮味主要來自鈉鹽。

而甜味則來自胺基酸。醃菜中的胺基酸多達 17 種，其中甘胺酸、絲胺酸、組胺酸具有甜味。

我們是甜妹三人組。

第十三章　沒有一棵青菜可以完整的走出四川！

除此之外，醃菜中含有足夠的纖維素，是腸道天然的清潔工。也因此，醃菜成為川菜中不可或缺的佐餐佳餚。

冬菜擔擔麵　　　　　　　回鍋肉

榨菜炒肉絲　　　　　　　芽菜燒白

好了，關於發酵就介紹到這裡了。感謝各位的閱讀！

後記

化腐朽為神奇的發酵

　　一提到四川，人們立刻就會想到川菜，川菜的麻辣鮮香也就會浮現在腦海裡。常說「食在中國，味在四川」，可見川菜的味道給人的印象之深，全中國無論是評八大菜系，還是四大菜系，肯定少不了川菜，且多居於首位。

　　現在，川菜以調味見長，征服人們的胃、滿足人們舌尖上的享受，而「香」譽全球。但川菜特殊的風味往往離不開被稱為「川菜之魂」的豆瓣醬和「川菜之骨」的泡菜，這些基礎的調味料正是經過四川人之手，變幻出無窮味道，形成了川菜的百菜百味和一菜一格。

　　製作川菜所需的基本調味料，除了郫縣豆瓣和四川泡菜，還有著名的保寧醋、先市醬油、潼川豆豉、五通橋腐乳等，這一切都離不開發酵。

　　正是發酵賦予了那些價廉的青菜、辣椒、蠶豆、麩皮等農產品獨特味道，從而給了川菜靈魂。這些發酵食品所具有的特殊風味，再怎麼高明的大廚都無法調配出來。

發酵食品種類繁多、味道多變。而因為獨特的地理位置、氣候條件以及人文環境，四川在發酵領域中占有舉足輕重的地位。

四川地處長江上游，位於北緯 30 度的黃金地帶，分屬三大氣候：四川盆地為中亞熱帶溼潤氣候、西南部山地為亞熱帶半溼潤氣候、西北部高山為高原高寒氣候；同時四川河流眾多，以長江水系為主，較大的支流有雅礱江、岷江、大渡河、嘉陵江、赤水河等。

這些地理氣候條件使得四川的微生物種類豐富，為釀造出四川美味奠定了獨有的基礎。

再加上，四川是個多民族聚居地，除了主要民族漢族，還有彝族、藏族、羌族、苗族、土家族、傈僳族、納西族、布依族、白族、壯族、傣族等幾十個少數民族，這些民族自身以及各民族間的相互交流，又使得發酵產品更多樣化。

雖然人們已對這些美食司空見慣，但製作出這特殊風味是經過數代人努力不懈的結果。在這當中孕育著四川先民的辛勞和智慧，流傳著許多美妙的歷史傳說，蘊含著看似簡單，實際卻極其複雜的科學原理，同時也承載了四川獨特的傳統飲食文化。

現在，我們不僅應該讓大眾，特別是年輕族群，了解四川發酵的來源，更應該讓他們明白製作的方法和相關科學原理。這些川味美食文化，必須受到一代又一代人不斷

的傳承和弘揚。

近年來，四川旅遊學院和瀘州老窖在發酵食品的科普方面做了大量研究，前面提到的《窖主說》科普系列書，由於語言詼諧、漫畫生動而深受讀者的好評。

這次的合作又透過漫畫的形式展現發酵美味，對於傳播四川發酵食品的文化內涵，以及引導人們對發酵食品有正確認識、樹立正確的食品安全觀念等，都具有重要意義。

希望能有更多食品研究者、企業以及相關媒體參與食品科普，並為文化傳承貢獻己力。未來，來自四川的美酒、美食也必定逐步走上全世界的餐桌，讓世界品味四川味道。

國家圖書館出版品預行編目（CIP）資料

沒有一棵青菜可以完整的走出四川：大豆、青菜、辣椒，在四川，萬物皆可發酵──川菜征服全世界的祕密。／鄧靜、李賓、楊建輝著；
-- 初版 . -- 臺北市：大是文化有限公司，2025.05
336 面；14.8 × 21 公分 . --（Style；103）
ISBN 978-626-7648-23-0（平裝）

1. CST：醱酵　2. CST：飲食風俗
3. CST：四川省

463.88　　　　　　　　　　　　　114001461

Style 103

沒有一棵青菜可以完整的走出四川
大豆、青菜、辣椒，在四川，萬物皆可發酵——
川菜征服全世界的祕密。

作　　者／鄧靜、李賓、楊建輝
責任編輯／楊明玉
校對編輯／宋方儀
副 主 編／蕭麗娟
副總編輯／顏惠君
總 編 輯／吳依瑋
發 行 人／徐仲秋
會計部｜主辦會計／許鳳雪、助理／李秀娟
版權部｜經理／郝麗珍、主任／劉宗德
行銷業務部｜業務經理／留婉茹、專員／馬絮盈、助理／連玉
　　　　　　行銷企劃／黃于晴、美術設計／林祐豐
行銷、業務與網路書店總監／林裕安
總經理／陳絜吾

出 版 者／大是文化有限公司
　　　　　臺北市 100 衡陽路 7 號 8 樓
　　　　　編輯部電話：（02）23757911
　　　　　購書相關諮詢請洽：（02）23757911 分機 122
　　　　　24 小時讀者服務傳真：（02）23756999
　　　　　讀者服務 E-mail：dscsms28@gmail.com
　　　　　郵政劃撥帳號：19983366　　戶名：大是文化有限公司

香港發行／豐達出版發行有限公司 Rich Publishing & Distribution Ltd
　　　　　香港柴灣永泰道 70 號柴灣工業城第 2 期 1805 室
　　　　　Unit 1805, Ph.2, Chai Wan Ind City, 70 Wing Tai Rd, Chai Wan, Hong Kong
　　　　　Tel：2172-6513　Fax：2172-4355　E-mail：cary@subseasy.com.hk

封面設計／林雯瑛
內頁排版／陳相蓉
印　　刷／緯峰印刷股份有限公司
出版日期／2025 年 5 月初版
定　　價／480 元（缺頁或裝訂錯誤的書，請寄回更換）
ＩＳＢＮ／978-626-7648-23-0
電子書ＩＳＢＮ／9786267648261（PDF）
　　　　　　　9786267648278（EPUB）　　　　　　　　　Printed in Taiwan

本書中文繁體版由四川一覽文化傳播廣告有限公司代理，經中國輕工業出版社有限公司授權出版。
非經書面同意，不得以任何形式，任意重製轉載。

有著作權，侵害必究 All rights reserved.